钙钛矿光电探测器件性能调控技术

张明娣　葛宝臻　吕且妮　张志利　著

西安电子科技大学出版社

内 容 简 介

本书介绍了调控钙钛矿光电探测器性能，以及提高响应能力和稳定性的几种方法及其机理。本书主要内容包括：钙钛矿材料及制备工艺、器件结构及评估参数、性能调控方面的基本介绍；通过阳离子掺杂方法调控器件性能；基于 Ag NP 的局域表面等离激元共振改善器件性能以及基于嵌段共聚物的两亲性提升器件稳定性；基于超表面的光场调控功能实现窄带光电探测等。

本书适合物理、化学、光学等领域的理论和实验工作者、大学教师及高年级本科生阅读和参考。

图书在版编目(CIP)数据

钙钛矿光电探测器件性能调控技术 / 张明娣等著. --西安: 西安电子科技大学出版社，2024.4

ISBN 978 - 7 - 5606 - 7174 - 1

Ⅰ.①钙… Ⅱ.①张… Ⅲ.①钙钛矿—光电探测器—性能—研究 Ⅳ.①TN215

中国国家版本馆 CIP 数据核字(2024)第 032867 号

策　　划　刘小莉
责任编辑　张　存　武翠琴
出版发行　西安电子科技大学出版社（西安市太白南路 2 号）
电　　话　(029)88202421　88201467　邮　编　710071
网　　址　www.xduph.com　　　电子邮箱　xdupfxb001@163.com
经　　销　新华书店
印刷单位　咸阳华盛印务有限责任公司
版　　次　2024 年 4 月第 1 版　2024 年 4 月第 1 次印刷
开　　本　787 毫米×960 毫米　1/16　印张 8
字　　数　149 千字
定　　价　34.00 元
ISBN 978 - 7 - 5606 - 7174 - 1 / TN
XDUP 7476001-1

＊＊＊ 如有印装问题可调换 ＊＊＊

前　言

钙钛矿光电器件在传感、通信等诸多领域具有广泛的应用，但较差的稳定性和较低的光电转换效率一直是限制其应用的主要原因。近年来很多学者针对这些方面的问题展开了研究，而作者主要针对表面等离激元光谱学调控钙钛矿光电探测器性能方面进行了研究，本书是作者相关研究成果的总结与提炼。

本书适合不同领域的读者阅读。对于在物理、化学等相关专业攻读本科学位的读者，希望本书能帮助您对所学专业的应用前景有更加广泛的了解；对于在光学、材料物理与化学等相关专业攻读硕士/博士学位的读者，希望本书中包含的光场调控与探测方法有助于激发您在该领域的科研灵感，促进更多原创性科研成果产出；对于表面增强光谱学、钙钛矿光电探测器等研究方向的科研人员，希望书中涉及的钙钛矿薄膜的制备方法和工艺参数、超表面的建模方法与理论，以及银纳米颗粒与钙钛矿的复合体系构建方法，对您研制更高效的器件有一定的参考价值。

本书共 5 章，具体内容安排如下：

第 1 章主要介绍了钙钛矿材料及制备工艺、钙钛矿光电探测器(PPD)的基本结构及性能评估参数，以及具有不同探测功能的 PPD 的器件结构，还介绍了基于掺杂和表面等离激元的 PPD 性能调控方法的研究现状以及存在的问题。

第 2 章主要内容为通过阳离子对器件性能进行调控，即在 MAPbI$_3$ 薄膜中掺杂阳离子 FA$^+$，设计制备了 MA$_x$FA$_{1-x}$PbI$_3$ 基横向柔性 PPD，探究了不同 MA$^+$ 和 FA$^+$ 比例下的薄膜形貌、晶相以及器件响应能力，分析了调控机理，并在 MA$_{0.4}$FA$_{0.6}$PbI$_3$ 基 PPD 上获得了最佳响应并探究了该器件的机械性能。

第 3 章主要内容为在第 2 章的 MA$_{0.4}$FA$_{0.6}$PbI$_3$ 薄膜上研究了柔性半透明自驱动 PPD 的制备工艺。本章通过掺杂 Ag NP，探究了其局域表面等离激元共振(LSPR)对载流子产生、复合以及 PPD 响应能力的影响及机理，还通过掺杂 F68，研究其界面钝化作用对 PPD 湿度稳定性的调控。

第 4 章主要内容为在第 3 章最佳 Ag NP 和 F68 掺入量的 MA$_{0.4}$FA$_{0.6}$PbI$_3$ 薄膜上，研究基于 LSPR 超表面 PPD 的调控方法。本章分析了激发光与超表面的相互作用机理，设计了多种具有特殊光谱调控功能的超表面，制备了银纳米圆盘阵列超表面，以及基于 SiO_2/银岛膜/PMMA/钙钛矿的横向 PPD，完成了窄带探测。

第 5 章对本书的内容以及主要结论进行总结，并展望下一步工作。

本书的研究工作得到了天津市自然科学基金重点项目"纳秒级光可编程电控光偏转器及其关键技术研究(No. 18JCZDJC31700)"，以及江苏省高等学校自然科学研究项目"基于能带工程的柔性半透明钙钛矿太阳能电池构筑与研究(No. 19KJB480003)"的支持。本书在编写过程中，参考了有关单位或个人的研究成果，均已在参考文献中列出，在此一并致谢。

本书所述观点的主要依据为相关文献以及作者实验所得结果。由于编者水平有限，书中难免有疏漏与不足之处，欢迎广大读者不吝赐教。

编者

2024 年 1 月

目　录

第 1 章　绪　　论

1.1　钙钛矿光电探测器

将光信号转换为电信号的光电探测器是智能光电系统的重要单元之一，广泛应用于各种领域，如工业自动控制、导弹制导、遥感、成像等。金属卤化钙钛矿结合了无机和有机半导体的优点，如较大的吸收系数、较低的激子结合能和较高的载流子迁移率，这些罕见的优良特性为其在光电检测中的应用开辟了广阔的途径，使其广泛用于光电探测器(如发光二极管、激光器、图像传感器和显示器等)的研制。由于钙钛矿薄膜制备成本低，且具有轻质、柔性和透明等特性，因此钙钛矿光电探测器(Perovskite Photodetector, PPD)在可穿戴、便携式触摸屏和交互式电子产品等领域具有广泛的应用前景。无须外部驱动的低能耗自驱动高响应度的PPD是目前研究的热点，但因水分子的渗透使钙钛矿材料易于分解，从而使基于钙钛矿的光电器件稳定性差。因此，提高 PPD 的响应度和稳定性仍是目前面临的巨大挑战。

1.1.1　钙钛矿材料及制备工艺

钙钛矿这一术语源于矿物学家 L. A. Perovski，他首次发现了主要成分为钛酸钙($CaTiO_3$)的一种钙钛氧化物矿物，之后科学家将与其具有相同晶体结构的一类化合物统称为钙钛矿。有机-无机杂化钙钛矿结构式可用 ABX_3 统一表示，其中，A 是以 $CH_3NH_3^+$(可简写为 MA^+)和 $HC(NH_2)_2^+$(可简写为 FA^+)为代表的一价有机阳离子，B 和 X 分别为 Pb^{2+}、Sn^{2+} 等金属阳离子和 Cl^-、Br^-、I^- 等卤化物阴离子或其混合物。钙钛矿的制备具有溶液加工性，这也是此类钙钛矿不同于无机钙钛矿的最大特点。最常研究的混合钙钛矿包括三碘化甲铵铅钙钛矿($CH_3NH_3PbI_3$)、混合卤化物钙钛矿(包括 $CH_3NH_3PbI_{3-x}Cl_x$、$CH_3NH_3PbI_{3-x}Br_x$)和三碘化甲脒铅钙钛矿($NH_2CHNH_2PbI_3$ 或 $FAPbI_3$)。八面体$[BX_6]^{4-}$簇的中心由 B 离子占据，6 个顶点处为 X 离子，8 个八面体形成的空隙由 A 离子占据，这是典型钙钛矿晶体结构的特点，如图 1-1 所示[1,15]。戈德施密特公差系数(t)可定性对上述结构的形成进行估算，可表示为[2]

$$t = \frac{r_A + r_X}{\sqrt{2}\left(r_B + r_X\right)} \tag{1-1}$$

其中，r_A、r_B 和 r_X 分别表示 A、B 和 X 离子的有效离子半径。定义可评估钙钛矿稳定性的因子 $\mu = r_B/r_X$，可称之为八面体因子。t 在 0.813～1.107 范围内且 μ 在 0.442～0.895 范围内是公认的钙钛矿稳定条件[3]。这种独特的结构使钙钛矿具有许多有趣的特性，如吸收系数高[4-5]、吸收范围宽、带隙可调[6]、激子结合能低[7]、电子和空穴扩散长度长[8]、双极电荷迁移率高[9]、电荷载流子寿命长[10-11]。这些优异的特征使得它成为太阳能电池领域的佼佼者，并成为其他电子应用(如激光器、光电探测器和发光二极管)的极佳候选材料。2009 年，Berry 尝试将 $CH_3NH_3PbX_3$(X = Br 或 I)用作染料敏化太阳能电池的半导体敏化剂，其功率转换效率(Power Conversion Efficiency, PCE)为 3%～4%[12]。相较于传统 Ru 基分子染料敏化太阳能电池(PCE 超过 11%)以及半导体量子点敏化太阳能电池(PCE 为 5%～6%)，其 PCE 并不占优势。两年后 Park 研究小组报道了一种 PCE 为 6.5%的 $CH_3NH_3PbI_3$ 钙钛矿太阳能电池，这种电池在电解质中的稳定性稍有改善，但它的溶解性与电解质液体的极性相关，在某些极性较强的电解质中溶解性很差，研究依然受限。2012 年报道中出现了相对稳定的钙钛矿太阳能电池，从此钙钛矿太阳能电池以及相关的光电器件的研究进入高速发展阶段[13-14]。

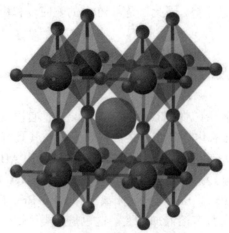

图 1-1 ABX_3 的立方金属卤化物钙钛矿的晶体结构示意图[1,15]

钙钛矿材料主要以单晶和薄膜两种形式存在。钙钛矿单晶材料具有较高的载流子扩散长度、较低的陷阱态密度、较高的吸收系数和介电常数，有利于实现高响应度的 PPD。Yan 等[16]报道了在 12 mm × 12 mm × 7 mm 大小的 MAPbI$_3$ 单晶的 (100) 面上制备的横向结构 PPD，相比于在 MAPbI$_3$ 多晶薄膜上制备的 PPD，其响应度和外量子效率 (External Quantum Efficiency, EQE) 高出约 100 倍。基于其他各种形貌的钙钛矿材料 (包括纳米线、纳米光栅、纳米片、二维结构和岛状结构) 也实现了一系列高响应度的 PPD。Deng 等[17]采用一步自组装溶液方法制备了 MAPbI$_3$ 纳米线，他们在普通衬底 (玻璃、SiO$_2$/Si 和氟掺杂锡氧化物导电玻璃 (Fluorine-doped Tin Oxide, FTO)) 上实现了纳米线的均匀分布、图案化沉积和纳米线排列。半导体纳米线与薄膜相比具有增强光吸收、机械完整性和降低导热性等独特的特性。用 MAPbI$_3$ 纳米线制备的横向 PPD，具有 390～850 nm 的宽带光谱响应，其比探测率为 2.5×10^{12} Jones，响应度为 1.3 A·W^{-1}。

钙钛矿薄膜可通过化学和物理沉积技术制备，制备工艺决定了其结晶性、均匀性、表面覆盖度等，但薄膜质量易受沉积条件的影响，所以加工方法至关重要[18-19]。图 1-2 为几种常见的钙钛矿薄膜沉积方法的示意图。图 1-2(a) 所示为一步溶液处理方法，该方法将 PbI$_2$ 和 CH$_3$NH$_3$I (即 MAI) 的混合物溶解于 γ-丁内酯 (1, 4-Butyrolactone, GBL)、N, N-二甲基甲酰胺 (N, N-Dimethylformamide, DMF) 或二甲基亚砜 (Dimethyl Sulfoxide, DMSO) 等极性溶剂中，并对溶解后的前驱体溶液实施旋涂[20-21]。图 1-2(b) 所示为两步旋涂方法[22]，该方法先将溶于 DMF 中的 PbI$_2$ 溶液旋涂到衬底上，再浸渍或旋涂溶于异丙醇 (Isopropyl Alcohol, IPA) 中的 CH$_3$NH$_3$I 溶液，形成钙钛矿薄膜，可以对钙钛矿形貌进行更好的控制。这种两步顺序沉积方法还可以获得混合卤化物钙钛矿，如形貌可控的 CH$_3$NH$_3$PbI$_{3-x}$Cl$_x$ 钙钛矿可以通过旋涂 CH$_3$NH$_3$Cl 和 CH$_3$NH$_3$I (MAI) 的混合溶液或 PbCl$_2$ 和 PbI$_2$ 的混合物来制备[23,30]。气相沉积法[14]是沉积均匀致密钙钛矿型薄膜的有效方法，采用双源 (即分开的 MAI 和 PbCl$_2$ 源) 热蒸发系统 (见图 1-2(c)) 沉积 CH$_3$NH$_3$PbI$_{3-x}$Cl$_x$ 薄膜，这些薄膜密度极高，晶体尺寸达数百纳米，PCE 值超过 15%。图 1-2(d) 所示为化学气相沉积法。Leyden 等[24]使用混合化学气相沉积法合成钙钛矿型金属氧化物，先热蒸发 PbCl$_2$，再气相沉积 MAI，获得了 PCE 高达 11.8% 的电池。这些电池表现出良好的稳定性和高重现性。此外，低温气相辅助溶液法、喷涂、叶片涂层和槽模也可用于制备钙钛矿薄膜，为低成本化和产业化基于钙钛矿的光电器件铺平了道路。在这些方法中，一步溶液处理方法是所有沉积方法中最简单的一种，便于通过掺杂进行薄膜光电性能及稳定性改善，这种方法也是实现大面积全印刷制造的较为可能的方法之一。

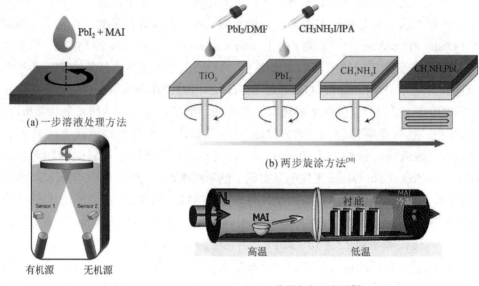

(a) 一步溶液处理方法

(b) 两步旋涂方法[30]

(c) 双源热蒸发系统[14]

(d) 化学气相沉积法[24]

图 1-2　钙钛矿薄膜沉积方法示意图

两步旋涂方法中，除通过旋涂速度控制薄膜厚度外，热退火过程是关键。通过热退火过程除去残留的溶剂或添加剂使钙钛矿薄膜结晶，直接影响钙钛矿的成膜质量。影响热退火过程的因素主要有退火温度、退火时间等[25]。Dualeh 等[26]研究发现完全形成 $CH_3NH_3PbI_3$ 钙钛矿需要 80 ℃的退火温度。低于该温度时只能将溶剂去除，但晶体并没有完全转化；若高于该温度，则会导致更多的 PbI_2 形成，降低器件性能。因此，$CH_3NH_3PbI_3$ 的最佳退火温度在 80～100 ℃的范围内，此时产生由互连的钙钛矿微晶网络组成的薄膜形态，器件性能最佳。钙钛矿的形貌对退火时间也很敏感[27]。研究表明，在 105 ℃下退火 15 min 足以有效地促进纯相钙钛矿的形成，当退火时间延长到 2 h 时，钙钛矿的结晶度和增益尺寸增加，又不损失薄膜的连续性或覆盖性，从而导致电荷迁移率显著提高，场效应系数和短路电流密度显著增加；然而，继续延长退火时间到 3 h，将会导致钙钛矿分解为 PbI_2 相。为了避免溶剂快速蒸发和钙钛矿分解导致的薄膜形貌不良，可以采用可控的低温渐进退火方案代替传统的等温退火方法[28-29]，退火温度从低温值逐渐升高，有利于形成具有均匀表面覆盖和微米级扩散长度的高结晶钙钛矿薄膜。

溶剂工程技术是形成高结晶性钙钛矿薄膜的一种简单而有效的手段[31-32]。通常，DMF、DMSO、GBL 和 N-甲基-2-吡咯烷酮(N-Methyl Pyrrolidone, NMP)是 PbX_2 和 MAI 的良好溶剂，而氯苯、苯、甲苯、乙醚和氯仿等是钙钛矿的不良溶剂。因此，最常用的溶剂工程策略是使用混合溶剂或/和反溶剂来改善钙钛矿薄膜形态。例如，Jeon 等[33]使用 GBL 和 DMSO 作为混合溶剂，使用甲苯作为反溶剂，获得了极其均匀和致密的 $CH_3NH_3Pb(I_{1-x}Br_x)_3$ 钙钛矿层，晶粒尺寸在 $100\sim500$ nm 范围内。Zhou 等[34]提出了高质量钙钛矿薄膜室温加工的溶剂-溶剂萃取概念：在高沸点溶剂(比如 GBL 和 NMP)中旋涂钙钛矿前驱体溶液，然后立即将湿膜浸没在低沸点的溶剂乙醚中。这种方法在尽可能提取 NMP 的同时，有助于加速形成更光滑的钙钛矿薄膜表面。

1.1.2　钙钛矿光电探测器的结构及评估参数

1. 基本器件结构

为了满足不同的应用要求，可以构建不同构架的光电探测器。光电探测器结构通常分为纵向和横向两种，分别如图 1-3(a)和(b)所示。

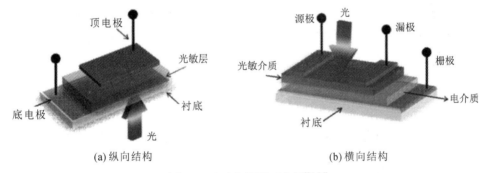

(a) 纵向结构　　　　　　　　　　(b) 横向结构

图 1-3　光电探测器示意图[35-36]

基于纵向结构的光电探测器包括光电导型和光电晶体管型，光从底部向顶部入射。基于横向结构的光电探测器包括光电二极管型、光伏型和光放大型，光从顶部入射。所有的光电导型、光电二极管型和光伏型光电探测器都是具有正极和负极的两端仪器。光电晶体管型和光放大型光电探测器都是三端仪器，有源极、漏极和栅极[37]。典型的器件结构为金属-半导体-金属(Metal Semiconductor Metal, MSM)结构。Li 等[38]制备了具有铟锡氧化物半导体透明导电膜(Indium Tin Oxide, ITO)/MAPbI$_3$/ITO 横向 MSM 结构的高性能 PPD，在 1 V 的低偏压下，其 EQE 高达 4.1×10^4%，响应度为 219 A·W^{-1}。Hu 等[39]报道了具有垂直结构的 FTO/MAPbI$_3$/Au 的高增益、快响应 PPD，其光电性能优异，光电导增益约为 10^2，响应度高达 150 A·W^{-1}，响应时间为 0.67 μs。这些结果表明，具有简单 MSM 结构的 PPD，在低成本、高性能光电器件中具有巨大的应用潜力。本书主要研究光电导型和光伏型 PPD。

2. 评估参数

PPD 的性能通常可以用响应度 R、比探测率 D^* 和响应时间来描述。

1) 响应度(R)

响应度是描述光电探测器灵敏度的重要参数，它表示光电探测器输出的电流信号和输入辐射之间的关系。响应度可定义为光电探测器的输出电流与入射到光电探测器上的平均光功率之比，其计算表达式为[40]

$$R = \frac{I_{light} - I_{dark}}{E_e S} \tag{1-2}$$

其中，I_{light} 和 I_{dark} 分别是光电流和暗电流，E_e 是入射光功率密度，S 是光电探测器的有效面积。响应度的单位为 $A \cdot W^{-1}$。

2) 比探测率(D^*)

探测率 D 表示光电探测器在它的噪声电平之上产生一个可以观测的电信号的能力，它与光电探测器能响应的入射光功率呈反比关系，并与光敏面积和测量带宽有关。为了使不同来源的光电探测器具有性能可比性，即对每 1 Hz 测量带宽下、每 1 cm^2 探测面积上的探测率值进行比较，定义比探测率 D^* 为归一化后的探测率，可表示为[41]

$$D^* = R \frac{\sqrt{S}}{\sqrt{2qI_{dark}}} \tag{1-3}$$

其中，S 是器件的有效面积，q 是电荷量的绝对值(1.6×10^{-19}C)。D^*的单位为 cm$\cdot$ Hz$^{\frac{1}{2}}\cdot$ W^{-1}，又叫 Jones。

3) 响应时间

响应时间是描述光电探测器对接收的光信号响应快慢的参数。当入射光突然辐照或者被遮挡后，光电探测器的输出信号上升到稳定值或者下降到辐照前的数值所需要的时间称为响应时间，通常用 t 表示。即使上升和下降时间很短，光电探测器的输出也存在一定的延迟，这是因为器件具有惰性。把输出信号从 10%上升到 90%所需要的时间称为上升时间，通常用 t_{on} 表示；把输出信号从 90%下降到 10%所需要的时间称为下降时间，通常用 t_{off} 表示。

1.1.3 典型钙钛矿光电探测器

1. 高响应度的器件

提高 PPD 响应度有两种方法：一种是添加载流子传输层，例如使无机材料与钙钛矿相结合形成异质结，这有助于激子分离和电荷载流子传输[42-43]；另一种是添加界面层，以便载流子向两端传输[44-47]。具有二维半导体结构的过渡金属二氮化物(如二硫化钨、二硒化钼等)是一类可用于未来电子和光电应用的新型纳米材料，具有可调谐带隙、高迁移率等优异的物理、电学和光学特性，可以抑制暗电流并促进 PPD 中的电荷分离。Kang 等[48]报道了具有 $MoS_2/MAPbI_3$ 杂化结构的横向 PPD，通过对 $MoS_2/MAPbI_3$ 样品的光致发光(Photoluminescence, PL)和紫外可见吸收光谱进行分析，证实了大多数光生载流子从 $MAPbI_3$ 转移到了 MoS_2。在 520 nm 激光照射下，器件的响应度和比探测率分别为 $4.9 \times 10^3 A \cdot W^{-1}$ 和 8.76×10^9 Jones。石墨烯具有与波长无关的光吸收系数和较高的工作带宽，是一种很有前途的光电探测材料。Yan 等[49]制备了基于石墨烯/钙钛矿异质结的 PPD，结果表明由单层石墨烯和 $MAPbI_3$ 薄膜组成的横向 PPD，表现出 $400\sim800$ nm 的宽带光谱响应，其响应度高达 180 A·W^{-1}，EQE 高达 5×10^4%，这归因于石墨烯向钙钛矿的有效电荷转移。Sutherland 等[50]报道了通过 TiO_2/钙钛矿/2, 2′, 7, 7′-四[N, N-二(4-甲氧基苯基)氨基]-9, 9′-螺二芴(2, 2′, 7, 7′-Tetrakis (N, N-p-dimethoxyphenylamino)-9, 9'-spirobifluorene, Spiro-OMeTAD)结的材料诱导的 PPD，在 TiO_2 和 $MAPbI_3$ 之间插入复合 $Al_2O_3/PC_{61}BM$ 前接触界面层，空气中用连续脉冲照射 70 多亿个瞬态光脉冲时，PPD 依然表现出 1 μs 的瞬态响应时间和较好的稳定性。该 PPD 还显示出较低的暗电流，低偏压下 600 nm 波长处的响应度高达 0.4 A·W^{-1}，这比商业图像传感器中使用的晶体硅光电二极管中的红光检测效果要好。

2. 自驱动的器件

无外加偏压下即可进行光探测的自驱动光电探测器，在下一代新型光电子器件中具有巨大的发展潜力，因此受到广泛研究。光伏型光电探测器就属于自驱动 PPD。其工作原理为光生伏特效应，通过不同的半导体形成异质结或者通过金属与半导体形成肖特基结，结区内建电场与外加电场共同作用于载流子，产生光电流。得益于光活性层和电极的位置分布，光伏型光电探测器的电极间距小，载流子传输长度短。这种光电探测器具有响应速度快和驱动偏置电压低的优点。与之相反，由于光电导型光电探测器的电极间距大，其响应速度相对缓慢，且只有在较高驱动偏置电压下才能获得快速响应，即为了维持高光电流牺牲了响应速度[51]。根据其工作原理，光伏型 PPD 的结构中，除了活性层和电极，还需利用一些载流子传输层来形成异质结或者肖特基结，以提供内建电场[52]。例如，Li 等[53]研究了 TiO_2 和石墨烯之间具有肖特基结的自驱动光电探测器，其中石墨烯作为电极，钙钛矿作为活性材料，肖特基结可以有效地分离和传输石墨烯和钙钛矿的界面上的光生激子。与传统的光电结构不同的是，在这种自驱动光电探测器中，阴极收集进入 TiO_2 的电子，阳极收集通过石墨烯传输的空穴。

在光伏型光电探测器中，自驱动 PPD 与钙钛矿太阳能电池短路状态下的工作情况相同。其结构都为纵向结构，分正置和倒置。正置装置如图 1-4(a)[54-55]所示，探测光先经过电子传输层 TiO_2，再到达钙钛矿吸收层。倒置装置如图 1-4(b)[56-57]

所示,探测光先经过空穴传输层聚合物(tp-CP)聚(3,4-乙烯二氧噻吩):聚苯乙烯磺酸(Poly(3, 4-ethylenedioxythiophene)/poly(styrenesulfonate), PEDOT:PSS),再到达钙钛矿吸收层。常用的电子传输层是 N 型氧化物半导体,如 TiO_2、ZnO、SnO_2、C_{60}等。Shen 等[58]报道了具有 ITO/PTAA/MAPbI$_3$/C_{60}/BCP/Cu 垂直结构的倒置自驱动 PPD,其中,C_{60} 层作为电子传输层,可有效减小与其接触的钙钛矿表面的缺陷态密度。MAPbI$_3$ 活性层的高迁移率和超低陷阱密度实现了高效、快速的电荷载流子提取,使器件在 0 V 下具有大约 1 ns 的超低响应时间。常用的空穴传输层有 Spiro-OMeTAD、PTAA 和 PEDOT:PSS 等,其中 Spiro-OMeTAD 具有导电性好且与钙钛矿接触好等优点,但是其成本较高且空穴迁移率较低。虽然目前已经报道了一些可替代 Spiro-OMeTAD 的其他材料,如 NiO、CuSCN 等,但这些材料的性能和 Spiro-OMeTAD 相比,还有一定差距。

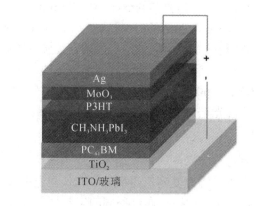

(a) 正置

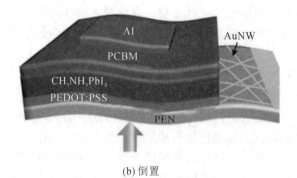

(b) 倒置

图 1-4 光伏型 PPD

3. 不同探测带宽的器件

将不同材料与钙钛矿材料结合(如无机或有机材料与钙钛矿材料的组合)可拓

宽 PPD 的探测带宽。Liu 等[55]报道了垂直结构的超灵敏宽带 PPD，从衬底到顶电极分别为 ITO、PEDOT:PSS、PbS 量子点(Quantum Dots, QD)、MAPbI$_3$、PC$_{61}$BM和 Al。其中，MAPbI$_3$ 起到陷阱态钝化和可见光敏化两种作用，与之相邻的 PbSQD 可作为可见光和近红外区域的宽带光敏剂。该 PPD 表现出 375～1100 nm 的宽带光谱响应，在可见和近红外区域分别有超过 300 mA·W^{-1} 和 130 mA·W^{-1} 的响应度，以及超过 10^{13}Jones 和 5×10^{12}Jones 的比探测率。所有这些器件的性能参数都与无机材料的性能参数相当，这表明该策略可行性高且可便捷、高效地提高宽带 PPD 的性能。对于具有宽光学带隙的钙钛矿材料，上转换材料的引入为实现近红外光探测带来了独特的优势。Li 等[60]报道了由 MAPbI$_3$ 微阵列和 NaYF$_4$:Yb,Er上转换纳米颗粒单层组成的横向柔性 PPD。该器件表现出 420～980 nm 的宽带光谱响应。上转换纳米颗粒对近红外光子的高效上转换使响应度和比探测率分别高达 0.27 A·W^{-1} 和 0.76×10^{12} Jones。同时，上转换纳米颗粒覆盖膜的加入降低了 MAPbI$_3$晶体的反射率，增强了其光致发光衰减，使其在可见光范围内的比探测率高达5.9×10^{12} Jones。

结合带通滤波器和宽带光电探测器是实现特定光谱范围检测最常见的方法。Li 等[61]报道了一种将带隙相同或稍大的混合钙钛矿层作为滤光片集成到 PPD 中的方法，实现了 PPD 的窄带光谱响应。得益于钙钛矿材料尖锐的吸收边缘，窄带光电探测器实现了 28 nm 的半高宽(Full Width at Half Maxima, FWHM)。

4. 柔性/半透明器件

底电极和顶电极决定了 PPD 是否可实现柔性、半透明等特殊功能。与传统的硬硅衬底器件相比，柔性 PPD 成本低、重量轻，在可穿戴和便携式器件中有着广泛的应用。一般来说，钙钛矿是通过溶液工艺合成的，而溶液工艺有利于在轻质的柔性衬底上制备 PPD。用于制造柔性光电探测器的常见柔性衬底包括聚对苯二甲酸乙二酯(Polyethylene Terephthalate, PET)、聚萘二甲酸乙二酯(PolyethyleneNaphthalate, PEN)[62]。Ulaganathan 等[63]首次用简单的喷射方法在 PET 衬底上制备出了柔性 PPD。这种柔性 PPD 装置具有出色的灵活性和鲁棒性，即使弯曲 120°，光电流也不会发生显著变化。Liu 等[64]报道了具有 ZnO/CsPbBr$_3$ 异质结构的高性能柔性全无机 PPD。除引入 ZnO 后增强的光电流、响应度以及开关比这一亮点外，低温处理方法提供了更广泛的潜在衬底选择，其中在柔性 PET 基板上制备的ZnO/CsPbBr$_3$ 柔性 PPD 具有优异的稳定性和优异的柔性，10 000 次弯曲循环后光电流变化小于 1.5%。除了柔性 PET 和 PEN 基片，聚酰亚胺(Polyimide, PI)、碳布和云母等柔性衬底也可以用来构建高柔性的 PPD。Yi 等[65]报道了在柔性 PI 衬底上沉积 TiO$_2$ 纳米晶/MAPbI$_3$ 的双层柔性 PPD。在柔性 PI 衬底上制备的柔性 PPD与在玻璃衬底上制备的 PPD 具有一样的性能，在未来柔性光电子学中具有巨大的应用潜力。Sun 等[66]展示了具有碳布/TiO$_2$/MAPbI$_3$:Spiro-OMeTAD/Au 垂直结构的柔性 PPD，其中 MAPbI₃ 和 Spiro-OMeTAD 的共混膜作为光探测的活性层，碳布同时作为柔性衬底和导电电极。柔性 PPD 在经过几十次弯曲循环后，在极限弯曲角度下显示出可忽略的性能退化。此外，柔性 PPD 可以在 0.6 V 的极低偏压下工作，甚至在零偏压下也能工作良好。以上学者的工作为构建具有成本效益和自驱动能力的灵活、高性能宽带 PPD 提供了一种很有前景的新技术。Zheng 等[67]展示了在云母衬底上制备的 TiO₂ 纳米管/MAPbI₃ QD 异质结构的柔性透明光电探测器。该光电探测器在 400～800 nm 范围内具有很高的透明性(可达到 85%)，并具有良好的柔性光电探测性能，在不同角度连续弯曲 200 次后仍能保持良好的光电探测性能。在光电探测器中，透明的顶电极有助于形成半透明的器件，便于建立集成的双面工作系统。Popoola 等[68]以 FTO 为顶电极制备了 FTO/NiOₓ/MAPbI₃/TiO₂/FTO 柔性自驱动双面 PPD。Xiong 等[69]使用导电 PEDOT:PSS 为顶电极实现了双面响应。透明电极对金属电极的替换不仅可以解决半导体-金属互扩散问题，还有助于提升器件的稳定性。

1.2   基于掺杂的钙钛矿光电探测器性能调控

1.2.1   离子掺杂对钙钛矿光电探测器性能的影响

图 1-5 为 ABX₃ 的能级示意图。其中，A 为 MA 或 FA，B 为 Pb、Sn 或 Pb$_{1-x}$Sn$_x$，X 为 Br 或 I。调节卤素离子，以及 Sn^{2+}或 Pb^{2+}，都可以实现光学带隙的调控，在改变光谱响应范围的同时调控响应度[70-71]。

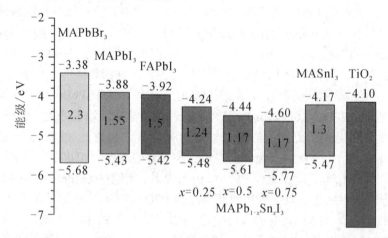

图 1-5   MAPbBr₃、MAPbI₃、FAPbI₃、MAPb$_{1-x}$Sn$_x$I₃、MASnI₃ 和 TiO₂ 的能级示意图[72]

1. 提高响应度

离子掺杂在实现宽带光谱响应的同时可以提高响应度。Liang 等[71]报道了基于 Cs 掺杂的 $FAPbI_3(FA_{1-x}Cs_xPbI_3)$ 薄膜的横向 PPD，$FA_{0.85}Cs_{0.15}PbI_3$ 钙钛矿薄膜的带隙为 1.51 eV，在 0 V 下表现出很高的响应度和比探测率，以及超快的响应速度。Wang 等[73]将 $FASnI_3$ 和 $MAPbI_3$ 钙钛矿前驱体共混，制备出具有低光学带隙的钙钛矿材料，并以此为活性层在低带隙($E = 1.25$ eV) $(FASnI_3)_{0.6}(MAPbI_3)_{0.4}$ PPD 上实现了高灵敏度的宽带 PPD。由于钙钛矿的带隙可以通过 A 位置上的有机阳离子来调节，故对有机阳离子 MA^+ 的替换也是一种可行的方法，因为这样可以在保证价带最大值不变的情况下，改变 M—X—M 键的长度以及角度[74]。例如，用甲脒 $HC(NH_2)_2^+(FA^+)$对 MA^+ 的替换可使禁带减小约 0.07 eV，使吸收截止位置延长约 40 nm[75]。

2. 实现窄带探测

借助电荷收集窄化(Charge Collection Narrowing, CCN)概念，离子掺杂可以实现窄带 PPD。Burn 和 Lin 等[76]利用 CCN 这一概念在有机/混合卤化物钙钛矿中实现了 FWHM 小于 100 nm 的无滤光片的窄带红色、绿色和蓝色 PPD，通过调节样品中卤化物的组分比例以及加入有机分子形成复合结来分别调节两个吸收起始点。其工作原理为，在高吸收区域，光吸收以比尔-朗伯定律为主，载流子主要在透明电极附近产生("表面生成")。由于强烈的不平衡电子-空穴传输，增加了电子-空穴复合，降低了电荷收集效率。在低吸收区域，腔效应显著影响光学厚结的光吸收，并且载流子在有源层的体积中产生("体积产生")。可以通过操纵内量子效率来控制 EQE，通过调节吸收的两个初始值来控制 FWHM。复合膜中添加的有机组分增加了自由载流子复合，只允许收集体积生成的载流子，从而达到 CCN 的电学要求。依靠这种策略，PPD 的光学和电学传输特性同时被控制，从而在整个光谱中产生一组独特的完全可调谐的窄带响应。所有窄带 PPD 的性能对其设计窗口都有很高的选择性，表现为，与处于窗口外的光相比，探测器对处于窗口内的光响应度有明显的增加。

3. 提高稳定性

通过改变晶体结构，离子掺杂可以提高 PPD 的稳定性。器件所处环境中的水分子可通过加速钙钛矿材料的分解来破坏钙钛矿结构，从而影响整体器件的稳定性[77]。为了提高钙钛矿材料的湿度稳定性，Lee 等[78-79]在 $CH_3NH_3PbI_3$ 中引入 Br^-，随着 Br^- 含量的增加，降解更加缓慢，因为 Br^- 增加会使得钙钛矿晶格常数减小，这有助于呈三维扭转结构的 $CH_3NH_3PbI_3$ 向更加致密规则的 $CH_3NH_3PbBr_3$ 立方结构转变。$Pb(SCN)_2$(硫氰酸铅)作为一种拟卤素，其性质与卤族元素相近，且有效原子半径(217 pm)和碘原子的有效半径(220 pm)极为接近，非常适合取代一部分碘离子形成掺杂。Jiang 等[80]用 Pb(SCN)$_4^{2-}$取代 CH$_3$NH$_3$PbI$_3$ 中的一部分 I$^-$，得到 CH$_3$NH$_3$Pb(SCN)$_2$I。由于 SCN$^-$和 Pb^{2+}之间的相互作用比 I$^-$和 Pb^{2+}之间的更强，因此对应的太阳能电池的湿度稳定性更好。Wang 等[81]以 Pb(SCN)$_2$ 为添加剂，获得大尺寸钙钛矿晶粒，Pb(SCN)$_2$ 的添加也会在薄膜表面形成一些过剩的碘化铅薄片，起到钝化界面的作用，使得太阳能电池回滞减小，填充因子增大。

1.2.2 杂质掺杂对钙钛矿光电探测器性能的影响

一些有机材料、共聚物、纳米结构的材料也可以通过掺杂进入钙钛矿薄膜中。与离子掺杂不同，这些物质无法进入钙钛矿晶格中，而是作为杂质位于钙钛矿表面或晶粒之间。

1. 提高响应度

在钙钛矿前驱液中直接掺杂特殊添加剂可以提高薄膜质量，进而提高响应度。低挥发性氯化物 FACl 和 MACl 通过所形成的非 δ-FAPbI$_3$ 中间相来促使黑色 α-FAPbI$_3$ 相的结晶[82]。卤代烷添加剂的链长和端基可以影响溶剂分子和溶质分子之间的相互作用[83]。聚合物添加剂(诸如 P123、丁基膦酸 4-氯化铵等)有助于形成致密且光滑的钙钛矿膜，可用于优化钙钛矿薄膜形态[84]。Fang 等[85]在钙钛矿薄膜中掺入不同浓度的石墨烯量子点，使相邻晶体合并，晶粒尺寸随着量子点浓度的增加而增大(从 100 nm 增大到 250 nm)。Zhang 等[86]将核壳 Au@SiO$_2$ 纳米颗粒(Nano Particle, NP)嵌入钙钛矿光吸收层，随着金属纳米粒子的掺入，光电流和效率同时增强，器件 PCE 高达 11.4%。值得注意的是，编者最初的设想是利用 Au@SiO$_2$ NP 的表面等离激元共振来增强钙钛矿层的光吸收，但是实验结果却出乎意料。Au@SiO$_2$ NP 的加入减小了激子结合能，而不是增加了光吸收。Shao 等[87]首次报道了富勒烯衍生物，并在钙钛矿表面涂覆一层超薄的富勒烯衍生物(PCBM)层，然后进行热处理，在热处理过程中 PCBM 扩散到晶界以及钙钛矿薄膜的表面缺陷，实现掺杂。通过这种方法可以有效地缓解缺陷态，使光电流、响应速度显著提高。同样的原理，C$_{60}$ 层也是钝化钙钛矿膜表面陷阱的有效钝化剂。

2. 提高稳定性

一些包含疏水基团的有机材料，如聚苯乙烯、PET、聚甲基丙烯酸甲酯(Polymethyl Methacrylate, PMMA)、聚四氟乙烯、聚乙烯吡咯烷酮(Polyvinyl pyrrolidone, PVP)等，可以覆盖多晶钙钛矿薄膜的表面并扩散到晶界中，用作钙钛矿薄膜/阵列上的保护性聚合物膜。这些有机材料不仅可以钝化表面缺陷，还可以阻挡大气水分，使钙钛矿器件在高湿度(50%)条件下储存 30 天后仍能够保持 80%以上的初始性能[88]。此外，将嵌段共聚物作为杂质掺杂，可以增加钙钛矿薄膜的耐湿性。Wang 等[89-90]使用嵌段共聚物 F127 作为钝化剂来调节钙钛矿薄膜中的晶界和界面的性质，抑制了钙钛矿晶界的降解，从而提高了钙钛矿薄膜的湿度和热稳定性。嵌段共聚物钝化策略为制备高性能、稳定的光电器件提供了一种行之有效的方法。但是，这种聚合物添加剂的绝缘特性会导致串联电阻增加，因此，必须控制添加物的量。

1.3 基于表面等离激元的钙钛矿光电探测器性能调控

1.3.1 表面等离激元简介

对于尺寸小于入射波长的 NP，其光学响应可以由具有以下偶极矩的准静态偶极子来近似，即表示为[91-92]

$$|\boldsymbol{P}| = 4\pi\varepsilon_\mathrm{m} a^3 \frac{\varepsilon_\mathrm{p} - \varepsilon_\mathrm{m}}{\varepsilon_\mathrm{p} + 2\varepsilon_\mathrm{m}} E_0 \tag{1-4}$$

其中，$\boldsymbol{P}$ 为偶极距，ε_p 和 ε_m 分别为 NP 的介电常数和用来嵌入纳米颗粒的介质的介电常数，a 为 NP 的直径，E_0 为入射光电场的振幅。纳米颗粒的散射截面、吸收截面和消光截面分别为 C_sca、C_abs 和 C_ext，其计算表达式分别为

$$C_\mathrm{sca} = \sigma \frac{8}{3} (\kappa a)^4 \left(\frac{\varepsilon_\mathrm{p} - \varepsilon_\mathrm{m}}{\varepsilon_\mathrm{p} + 2\varepsilon_\mathrm{m}} \right)^2 \tag{1-5}$$

$$C_\mathrm{abs} = \sigma 4 (\kappa a) I_\mathrm{m} \left(\frac{\varepsilon_\mathrm{p} - \varepsilon_\mathrm{m}}{\varepsilon_\mathrm{p} + 2\varepsilon_\mathrm{m}} \right) \tag{1-6}$$

$$C_\mathrm{ext} = C_\mathrm{sca} + C_\mathrm{abs} \tag{1-7}$$

其中，κ 为波矢，σ 为 NP 的几何截面，$\sigma = \pi a^2$。由于 $C_\mathrm{sca} \propto a^4$ 和 $C_\mathrm{abs} \propto a$，因此对于大尺寸的纳米颗粒，光散射主导整个光学响应，对于较小尺寸的纳米颗粒，吸收主导整个光学响应。从这些公式中可以看出，当 $\varepsilon_\mathrm{p} = -2\varepsilon_\mathrm{m}$ (Fröhlich 条件)满足时，在 C_sca 和 C_abs 处产生共振增强。散射和吸收截面都比 NP 的几何截面(σ)大几倍，从而导致如图 1-6(a)所示的 NP 的散射和吸收增强。

对于金属 NP，Fröhlich 条件对应于局域表面等离激元共振(Localized Surface Plasmon Resonance, LSPR)，即 NP 中自由电子的相干集体振荡[93]。由于 NP 的尺

寸小于入射光的波长和光穿透深度，因此 NP 中的所有自由电子都可以被共同激发，如图 1-6(b)所示。电子的集体振荡可以看作是 NP 中所有电子的质心相对于带正电原子核的位移矩阵。这种电子的集体振荡导致 NP 表面上的局部场共振增强(见图 1-6(c))。LSPR 的共振波长和线宽由 NP 的介电特性(ε_p)和周围介质的介电特性(ε_m)以及 NP 的大小和形状决定，利用这一特点可实现对共振波长位置和局域场布局的设计和定制。

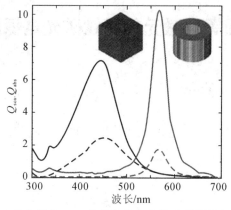

(a) 立方体和环状Ag NP的吸收效率(实线)和散射效率(虚线)

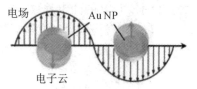

(b) Au NP的LSPR示意图

(c) 处于共振状态的NP的电场模拟图

图 1-6　金属 NP 的 LSPR 效应

对于金属 NP，处于共振的单个纳米颗粒可以视为一个偶极振荡。距离逐渐减小的两个纳米颗粒的 LSPR 会相互耦合(又称相互杂化)，即两个独立的偶极子开始相互作用产生新的共振模式，表现为吸收/反射/透射谱线的变化。同时由于相互耦合，两个纳米结构间隙处会形成局域极强的耦合电磁场，该电磁场强度大于纳米颗粒单独存在于该空间中时的电磁场[95]。等离激元杂化的规律类似于分子轨道模型中常见的绑定和反绑定能级劈裂情况。图 1-7 为横向和纵向排列的两个纳米棒的等离激元杂化示意图，图中 U 表示劈裂能量，其计算表达式为

$$U = \frac{1}{4\pi\varepsilon_0} \frac{|\boldsymbol{\mu}^2|}{n_m^2 R^3} \kappa \qquad (1\text{-}8)$$

其中，κ 为纳米结构的取向因子，$\boldsymbol{\mu}$ 为低能级向高能级的跃迁偶极矩，ε_0 为真空中的介电常数，n_m 表示纳米结构周围介质的折射率，R 表示两个偶极子之间的间距[96]。

　　如图 1-7(a)所示，对于横向排列的两个纳米棒，能级由一个劈裂为两个：两纳米棒上正负电荷同向分布且正负电荷为绑定模式，该模式与激发光相互作用能量较小(净剩偶极矩较小)，处于低能级；两纳米棒上电荷异向分布且正负电荷为反绑定模式，该模式位于较高能级。等离激元耦合还受排列方式的影响，如图 1-7(b)所示，在两纳米棒纵向排列的情况下，两纳米棒上电荷异向分布时为绑定模式，位于低能级；两纳米棒上电荷同向分布时为反绑定模式，位于高能级[96]。

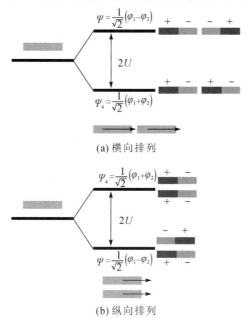

(a) 横向排列

(b) 纵向排列

图 1-7　两个纳米棒的等离激元杂化[96]

　　目前研究金属 NP 的 LSPR 常用的数值模拟方法有：时域有限差分法(Finite Difference Time Domain，FDTD)、离散偶极近似法(Discrete Dipole Approximation，DDA)和有限元法(Finite Element Method, FEM)[97-98]。对于一些简单的等离激元杂化系统，三者都是适用的。本书采用 FEM。FEM 的基本原理是把待求解的区域离散成由有限个结构单元组成的计算模型(这一过程称为网格剖分)，在计算过程中，通过求解偏微分方程可以得到整个体系的电磁场信息[99]。基于该方法的计算软件有很多，本书使用的是 COMSOL Multiphysics 软件。该软件内置多种常用物理模型，简单易用，操作界面友好，网格剖分功能强大。计算过程中，纳米结构

的吸收截面通过对纳米结构内部热能损耗进行积分得到，即

$$C_{abs} = \frac{1}{I_0} \iiint_V Q dV \qquad (1\text{-}9)$$

其中，Q 表示纳米结构的能量损耗密度，I_0 表示入射光的强度，V 表示纳米结构的体积。

散射截面通过对金属颗粒散射能流通量进行积分获得，即

$$C_{sca} = \frac{1}{I_0} \iint_S (n \cdot S_{sca}) dS \qquad (1\text{-}10)$$

其中，n 表示纳米结构外闭合曲面的法向量；S_{sca} 表示散射强度矢量，又称为波印廷矢量；I_0 表示激发光强度；S 表示纳米结构的表面积。

消光截面为吸收截面和散射截面之和，即

$$C_{ext} = C_{sca} + C_{abs} \qquad (1\text{-}11)$$

基于上述方法可以计算任意形状的纳米结构体系的吸收光谱、反射光谱以及透射光谱。

1.3.2　基于表面等离激元纳米颗粒的调控

金属纳米颗粒的表面等离激元对 PPD 响应度的调控机制有两种：等离激元热电子调控和 LSPR 调控。

在吸收光以后，金属纳米结构上会产生表面等离激元共振，这种共振会将吸收到的光直接转换成电能，产生热电子。基于这样的效应，可以将金属纳米结构和分子或者半导体直接接触，这样，金属纳米结构上产生的热电子就可以直接作用于分子进行光催化应用，或者作用于半导体进行光伏光电检测。这种热电子在光催化和光伏光电检测方面的应用效果可能会比传统的热载体在这两个方面的应用效果更好。由金属和半导体纳米粒子组成的异质结构已广泛用于等离激元衍生的热电子器件(即金属-半导体肖特基结器件)，此类器件的性能很大程度上取决于金属-半导体接口处等离激元-热电子的转换效率。在过去的几年中，这种等离激元-热电子转换方案已经得到了深入研究，并提出了一些内部机理。图 1-8 为 Ag-CsPbBr$_3$ 体系中三种机理对应的原理图，分别为等离激元诱导的热电子从金属到半导体的转移(Plasmon-induced Hot-electron Transfer, PIHET)、等离激元通过界面的电荷转移跃迁(Plasmon-induced Charge-transfer Transition, PICTT)和等离激元的共振能量转移(Plasmon-induced Resonant Energy Transfer, PIRET)。刘维康、Cushing 等[100-101]报道了在 Ag-CsPbBr$_3$ 纳米晶中，在小于 100 fs 的时间尺度上可以同时发生等离激元诱导的高效 PIHET 和 PIRET 过程，EQE 分别为 50%±18% 和 15%±5%。与传统系统相比，这里观察到的热电子转移的显著高效率可归因于

增加的金属/半导体耦合。这些发现表明，金属和钙钛矿型半导体的混合结构可能成为实现高效等离激元诱导热载流子器件的理想选择。金属纳米颗粒的 LSPR 可以通过直接照射金属纳米结构来激发。LSPR 被限制在纳米颗粒表面而不传播，其局域场增强取决于纳米颗粒的大小和几何形状。伴随着近年来先进的金属纳米结构合成方法，金属纳米结构的 LSPR 成为调控钙钛矿的载流子产生以及传输能力，进而调控 PPD 性能的重要技术[102-104]。

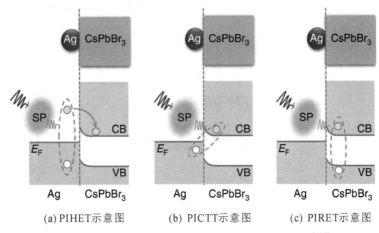

(a) PIHET示意图　　(b) PICTT示意图　　(c) PIRET示意图

图 1-8　Ag-CsPbBr$_3$ 体系中三种机理对应的原理图[105]

使用等离激元 NP 来增强光与半导体的耦合是由 Stuart and Hall[106-107]首先报道的，NP 作为散射体将光耦合到绝缘体上的硅，可实现大约 20 倍的光电流增强。该技术已被用于薄膜太阳能电池，以增强耦合到非晶硅、单晶硅、量子阱和砷化镓上的光[108-109]。为了打破载流子提取和光子吸收之间的平衡，近年来研究人员已经探索了几种利用纳米结构散射光来增强有机薄膜对光的吸收的方法[110]。通过调整嵌入的 NP 的材质、形状、尺寸来控制活性层的光吸收增强[111-112]。金属 NP 与半导体的结合方案有很多，如图 1-9(a)所示，金属 NP 可以嵌入在薄膜的表面。在这种情况下，入射光线被 NP 吸收，并以一定的角度在半导体薄膜内重新辐射。事实上，由于与空气相比，半导体薄膜的折射率相对较高，因此光线是优先散射和捕获到半导体薄膜中的，散射光在介质中以角路径传播，增加了光路。另外，如果薄膜后面是金属电极，它将使反射的光线再次照射到表面，进一步增强吸收。太阳能电池效率的主要限制因素之一是光活性层的弱吸收率，而激发表面等离激元附近的高电磁场可以增加有机和无机材料对光的吸收[113]。图 1-9(b)是共振等离激元嵌入非常接近薄膜太阳能电池的结的情况。在这种方法中，NP 像天线一样有效地储存入射的阳光，并将其重新辐射到半导体中。小颗粒(2～50 nm)由于其低反射率(反射的辐射率与表面接收的辐射率之比)而导致高电场增强效率。这也就是金属 NP 被嵌入非常靠近薄膜太阳能电池的结的地方时，会提高此处的光生载流子的收集效率的原因；否则，光生载流子将在分离前结合，所吸收的能量将以欧姆阻尼方式耗散[114]。这种近场电磁场增强效应已经用于多种器件(包括有机体异质结、染料敏化、无机太阳能电池等)的效率增强中[115-116]。表面等离极化激元(Surface Plasmon Polariton, SPP)是指一种沿着金属表面传播并衰减(在材料中具有衰减行为)的波。通过设计金属表面的形状，可以控制这些波的性质。图 1-9(c)中，纳米结构可以改变光的方向，使其平行于背表面而不是垂直于背表面，它在半导体内部呈指数衰减，穿透深度约为数百纳米。控制光与 SPP 波相互作用的能力可以显著改善薄膜内的光约束[117-118]。

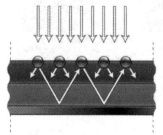

(a) 太阳能电池表面的NP散射的光捕获

(b) 非常接近薄膜太阳能电池的结的NP的LSPR激发的光捕获

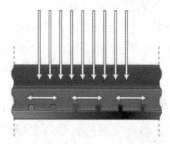

(c) 在非常接近太阳能电池底部的金属-半导体界面上SPP激发的光捕获

图 1-9　金属 NP 与半导体的结合方案及光捕获[114]

　　基于上述增强机理，不仅可以提高太阳能电池效率，而且在提高光电探测器响应度方面也展示了极大的优势。例如，Luo 等[119]将单晶 CdTe 纳米线上的金膜置于氩气中，并在 350 ℃下退火 40 min，获得了约 510 nm 的 Au NP。器件用 Au NP 改性后，暗电流减小，而光电流增加，导致开关比和响应度明显增加，响应时间从 6.12 s 缩短到 1.92 s。Lu 等[120]在管式炉中的石英衬底上制备出氧化锌纳米棒阵列，随后溅射沉积铝纳米粒子，在 $\lambda = 380$ nm 处具有典型 LSPR 的铝纳米粒子可以在 5 V 的偏压下使氧化锌纳米棒光电探测器的响应度从 0.12 A·W^{-1} 提高到 1.59 A·W^{-1}。钙钛矿的可溶液处理优势使金属纳米颗粒和半导体可以以不同于上述三种情况的方式结合，即金属纳米颗粒嵌入半导体内部(呈枣糕方式分布)的情况，这可以最大程度地利用纳米颗粒增强半导体的光吸收。目前这方面的报道较少，因为这种大颗粒杂质掺杂工艺极易破坏钙钛矿原有的结构，使光吸收效果被淹没。鉴于此，对所掺杂纳米颗粒的选择、掺杂量的控制，以及对金属纳米颗粒作用于钙钛矿载流子产生和传输的影响机制的研究显得尤为重要。

1.3.3　基于表面等离激元超表面的调控

超构表面是一种人工设计表面，又称为超表面。这种超表面通过对纳米尺度的特征结构进行空间排列来操纵光。采用超表面剪裁和控制光的基本特性已经成为一个强有力的手段。基于表面等离激元超表面的调控在机理上与纳米颗粒一致，不同之处在于超表面是具有一定排布方式的纳米结构阵列，这种阵列特点使其与钙钛矿的结合方式以及可实现的功能都与纳米颗粒不同。基于表面等离激元超表面对性能的调控主要表现为提高响应度、实现窄带测量。

1. 提高响应度

Wang 等[121]将均匀分布的金纳米棒层集成到垂直结构的 PPD 中，钙钛矿/金纳米棒混合光电探测器显示出显著的光电流增强。在驱动电压低至 -1 V 时，其响应度还高达 320 A·W^{-1}，与原始设备的响应度(200 A·W^{-1})相比，提高了 60%。该器件具有高响应和低驱动电压，是目前报道的性能较好的钙钛矿型薄膜光电探测器之一。光探测性能的提高归因于金纳米棒的 LSPR 产生的热电子对电荷提取以及传输的增强。Sun 等[122-123]报道了等离激元增强的石墨烯-钙钛矿杂化光电探测器。他们合成了 LSPR 位于 530 nm 左右的 Au NP，并将其集成到石墨烯/MAPbI$_3$ 杂化光电探测器中。与原始石墨烯/MAPbI$_3$ 的光电探测器相比，该光电探测器具有更高的灵敏度。嵌入 Au NP 后，其响应度提高了两倍，光响应速度加快。Au NP/石墨烯/MAPbI$_3$ 光电探测器性能的提高主要归因于以下两个因素：① 由于石墨烯的厚度较薄，Au NP 的 LSPR 效应可以有效地增强钙钛矿的近场，从而促进光捕获。② 在石墨烯与钙钛矿界面及其附近区域存在增强的光捕获，此处光致载流子向石墨烯扩散的路径相对较短，有利于获得更快的光响应速度。这项工作为利用金属纳米结构的表面等离激元效应提高光电探测器的性能提供了一种可行且具有启发性的策略。Fang 等[124]将金属天线阵列夹在两个石墨烯单层之间，形成石墨烯天线光电探测器。该阵列由 7 个直径为 130 nm 的金纳米盘组成，盘间距离为 15 nm，其大小可以调整，可实现波长为 650～950 nm 的 LSPR。由于金属的 LSPR 表现出明显的吸收和抑制的辐射衰减，通过大量热载流子的产生以及由于强局部电场引起的光电子激发，器件光电流提高了 800%。夹层光电探测器在可见光和近红外光谱中的内部量子效率高达 20%，响应度为 13 mA·W^{-1}。

2. 实现窄带探测

波长选择性光探测是实现颜色识别的必要手段，对于彩色摄影、机器视觉、游戏和智能监控等诸多应用都至关重要。基于 CCN 概念的窄带光探测，在过高的电压下会失去对窄带光的探测能力，这限制了其应用。超表面借助其热电子增强及 LSPR 增强机理可实现窄带探测。Knight 等[125]利用硅衬底上的光栅产生某波段的强共振吸收(其频率由纳米结构的周期决定)，硅衬底上图案化的光栅可以使等离激元诱导产生的热电子光电流作用于吸收响应，使光电探测器在红外波段具有强等离激元共振，并在共振附近具有窄带响应。相比基于天线的几何结构的响应度[126]，光电探测器的光电流响应度高出很多。光栅的几何结构也使得光电探测器的光谱响应比基于纳米天线的器件窄三倍以上[127]。这种独特类型的器件可以用在需要紧凑、波长敏感检测的应用中，如化学或生物传感、成像和测距以及通信系统。NP 的 LSPR 与激发光偏振，以及纳米结构的形状、尺寸、排列方式等因素有关。也就是说，当上述所有参数确定后，NP 具有特定的 LSPR 共振，即只对某一波长的激发光响应最好。理论上借助这一特性以及上述的等离激元对器件性能的改善作用，可以使纳米结构/钙钛矿光电探测器具有波长分辨能力，这是具有阵列特点的超表面优于纳米颗粒的一方面。Liu 等[128-129]提出了一种将石墨烯与一薄层等离激元纳米结构相结合，制备高灵敏度多色光电探测器的新策略。他们首先在衬底上制备等离激元纳米结构，然后将其转移到化学气相沉积生长的石墨烯上。在这里，等离激元纳米结构充当亚波长散射源和纳米天线，以增强在选定等离激元共振频率下的光学检测和光响应，从而使石墨烯光电探测器能够对选定的颜色做出敏感响应。研究结果表明，石墨烯与等离激元纳米结构的集成可以极大地提高光电流(高达 1500%)，在零源漏偏压和零栅极电压下，EQE 达到约 1.5%，比以前报道的石墨烯器件(在零偏压下约 0.1%～0.2%)高一个数量级。但是如果应用到钙钛矿上，这种方法一方面要求钙钛矿不能与纳米颗粒直接接触以防止对薄膜的破坏，另一方面又要求不能距离太远导致场增强起不到作用，所以还需要其他有效的方法来实现波长分辨的 PPD。

将带通滤波器与半导体结合是实现具有窄带探测功能的光电器件常用的方法。但是高分子材料制成的滤波器体积大，可调性低，不易与各种光电器件集成。基于表面等离激元杂化原理，对纳米结构的形状、尺寸、排列方式的设计可以调控其对波长的吸收、反射、透射响应。如果图 1-9(a)中的纳米颗粒具有阵列特点，它对特定波长光的阻挡或者散射增强会使半导体选择性不吸收或者吸收更多的特定波长的光，以此实现对特定波长的光探测。借助于钙钛矿溶液合成优势，可为基于波长/偏振选择性透射超表面的窄带 PPD 的研制提供新思路。

综合上面的论述，通过掺杂及 LSPR 调控钙钛矿薄膜结晶性及薄膜上载流子的产生和复合，是提高 PPD 响应能力和稳定性的十分重要的研究方向。研究中揭示的机理对钙钛矿薄膜的良好结晶及高效载流子传输，以及促进钙钛矿器件商业化具有极大的参考价值。

本章参考文献

[1] SUM T C, MATHEWS N. Advancements in perovskite solar cells: photophysics behind the photovoltaics[J]. Energy Environmental Science, 2014, 7(8): 2518-2534.

[2] BHALLA A, GUO R, ROY R. The perovskite structure-a review of its role in ceramic science and technology[J]. Materials Research Innovations, 2000, 4(1): 3-26.

[3] LI C, LU X, DING W, et al. Formability of ABX_3 (X= F, Cl, Br, I) halide perovskites[J]. Acta Crystallographica Section B: Structural Science, 2008, 64(6): 702-707.

[4] KIM H S, LEE C R, IM J H, et al. Lead iodide perovskite sensitized all-solid-state submicron thin film mesoscopic solar cell with efficiency exceeding 9%[J]. Scientific Reports, 2012, 2(1): 1-7.

[5] CRESPO C T. Absorption coefficients data of lead iodine perovskites using 14 different organic cations[J]. Data in Brief, 2019, 27: 104636.

[6] NOH J H, IM S H, HEO J H, et al. Chemical management for colorful, efficient, and stable inorganic-organic hybrid nanostructured solar cells[J]. Nano Letters, 2013, 13(4): 1764-1769.

[7] ZHENG K, ZHU Q, ABDELLAH M, et al. Exciton binding energy and the nature of emissive states in organometal halide perovskites[J]. Journal of Physical Chemistry Letters, 2015, 6(15): 2969-2975.

[8] STRANKS S D, EPERON G E, GRANCINI G, et al. Electron-hole diffusion lengths exceeding 1 micrometer in an organometal trihalide perovskite absorber[J]. Science, 2013, 342(6156): 341-344.

[9] XING G, MATHEWS N, SUN S, et al. Long-range balanced electron-and hole-transport lengths in organic-inorganic $CH_3NH_3PbI_3$[J]. Science, 2013,

342(6156): 344-347.

[10] CHEN Y, PENG J, SU D, et al. Efficient and balanced charge transport revealed in planar perovskite solar cells[J]. ACS Applied Materials, 2015, 7(8): 4471-4475.

[11] EDRI E, KIRMAYER S, MUKHOPADHYAY S, et al. Elucidating the charge carrier separation and working mechanism of $CH_3NH_3PbI_{3-x}Cl_x$ perovskite solar cells[J]. Nature Communications, 2014, 5(1): 1-8.

[12] BERRY J, BUONASSISI T, EGGER D A, et al. Hybrid organic-inorganic perovskites (HOIPs): opportunities and challenges[J]. Advanced Materials, 2015, 27(35): 5102-5112.

[13] LEE M M, TEUSCHER J, MIYASAKA T, et al. Efficient hybrid solar cells based on meso-superstructured organometal halide perovskites[J]. Science, 2012, 338(6107): 643-647.

[14] LIU M, JOHNSTON M B, SNAITH H. Efficient planar heterojunction perovskite solar cells by vapour deposition[J]. Nature, 2013, 501(7467): 395-398.

[15] GRÄTZEL M. The light and shade of perovskite solar cells[J]. Nature Materials, 2014, 13(9): 838-842.

[16] LIAN Z, YAN Q, LV Q, et al. High-performance planar-type photodetector on (100) facet of $MAPbI_3$ single crystal[J]. Scientific Reports, 2015, 5(1): 1-10.

[17] DENG H, DONG D, QIAO K, et al. Growth, patterning and alignment of organolead iodide perovskite nanowires for optoelectronic devices[J]. Nanoscale, 2015, 7(9): 4163-4170.

[18] ZHAO Y, ZHU K. Solution chemistry engineering toward high-efficiency perovskite solar cells[J]. Journal of Physical Chemistry Letters, 2014, 5(23): 4175-4186.

[19] CHERN Y C, WU H R, CHEN Y C, et al. Reliable solution processed planar perovskite hybrid solar cells with large-area uniformity by chloroform soaking and spin rinsing induced surface precipitation[J]. AIP Advances, 2015, 5(8): 087125.

[20] BALL J M, LEE M M, HEY A, et al. Low-temperature processed meso-superstructured to thin-film perovskite solar cells[J]. Energy Environmental Science, 2013, 6(6): 1739-1743.

[21] ZHOU H, CHEN Q, LI G, et al. Interface engineering of highly efficient perovskite solar cells[J]. Science, 2014, 345(6196): 542-546.

[22] CHEN H. Two-step sequential deposition of organometal halide perovskite for photovoltaic application[J]. Advanced Functional Materials, 2017, 27(8): 1605654.

[23] MA Y, ZHENG L, CHUNG Y H, et al. A highly efficient mesoscopic solar cell based on $CH_3NH_3PbI_{3-x}Cl_x$ fabricated via sequential solution deposition[J]. Chemical Communications, 2014, 50(83): 12458-12461.

[24] LEYDEN M R, ONO L K, RAGA S R, et al. High performance perovskite solar cells by hybrid chemical vapor deposition[J]. Journal of Materials Chemistry A, 2014, 2(44): 18742-18745.

[25] YANG F, WANG E, ZHANG Z. Effect of annealing temperature on the crystal structure and properties of $CH_3NH_3PbI_3$ perovskite[J]. Powder Metallurgy Industry, 2016, 148: 60-66.

[26] DUALEH A, TÉTREAULT N, MOEHL T, et al. Effect of annealing temperature on film morphology of organic-inorganic hybrid pervoskite solid-state solar cells[J]. Advanced Functional Materials, 2014, 24(21): 3250-3258.

[27] BI C, SHAO Y, YUAN Y, et al. Understanding the formation and evolution of interdiffusion grown organolead halide perovskite thin films by thermal annealing[J]. Journal of Materials Chemistry A, 2014, 2(43): 18508-18514.

[28] XU M F, ZHANG H, ZHANG S, et al. A low temperature gradual annealing scheme for achieving high performance perovskite solar cells with no hysteresis[J]. Journal of Materials Chemistry A, 2015, 3(27): 14424-14430.

[29] KANG R, KIM J E, YEO J S, et al. Optimized organometal halide perovskite planar hybrid solar cells via control of solvent evaporation rate[J]. Journal of Physical Chemistry C, 2014, 118(46): 26513-26520.

[30] JIANG M, WU J, LAN F, et al. Enhancing the performance of planar organo-lead halide perovskite solar cells by using a mixed halide source[J]. Journal of Materials Chemistry A, 2015, 3(3): 963-967.

[31] 薛宝达, 尤帅, 毕世青, 等. 基于溶剂工程制备高效率钙钛矿太阳能电池[J]. 人工晶体学报, 2018, 47(09): 16-22.

[32] 贾祥瑞, 白帆, 毛彩霞, 等. 反溶剂对钙钛矿薄膜与电池性能的影响[J]. 鲁东大学学报(自然科学版), 2020, 36(4): 321-326.

[33] JEON N J, NOH J H, KIM Y C, et al. Solvent engineering for high-performance inorganic-organic hybrid perovskite solar cells[J]. Nature Materials, 2014, 13(9): 897-903.

[34] ZHOU Y, YANG M, WU W, et al. Room-temperature crystallization of

hybrid-perovskite thin films via solvent-solvent extraction for high-performance solar cells[J]. Journal of Materials Chemistry A, 2015, 3(15): 8178-8184.

[35] BAEG K J, BINDA M, NATALI D, et al. Organic light detectors: photodiodes and phototransistors[J]. Advanced Materials, 2013, 25(31): 4267-4295.

[36] KONSTANTATOS G, LEVINA L, FISCHER A, et al. Engineering the temporal response of photoconductive photodetectors via selective introduction of surface trap states[J]. Nano Letters, 2008, 8(5): 1446-1450.

[37] MIAO J, DU M, FANG Y, et al. Photomultiplication type all-polymer photodetectors with single carrier transport property[J]. Science China Chemistry, 2019, 62(12): 1619-1624.

[38] LI F, MA C, WANG H, et al. Ambipolar solution-processed hybrid perovskite phototransistors[J]. Nature Communications, 2015, 6(1): 1-8.

[39] HU W, WU R, YANG S, et al. Solvent-induced crystallization for hybrid perovskite thin-film photodetector with high-performance and low working voltage[J]. Journal of Physics D: Applied Physics, 2017, 50(37): 375101.

[40] XIE C, YOU P, LIU Z, et al. Ultrasensitive broadband phototransistors based on perovskite/organic-semiconductor vertical heterojunctions[J]. Light Science Applications, 2017, 6(1):675-683.

[41] WANG Y, YANG D, ZHOU X, et al. Vapour-assisted multi-functional perovskite thin films for solar cells and photodetectors[J]. Journal of Materials Chemistry C, 2016, 4(31): 7415-7419.

[42] 陈洪宇, 王月飞, 闫珺, 等. 基于 Se 和有机无机钙钛矿异质结的宽光谱光电探测器制备及其光电特性研究[J]. 中国光学, 2019, 12(5): 1057-1063.

[43] 杨珏晗, 魏钟鸣, 牛智川. 基于二维材料异质结的光探测器研究进展[J]. 人工晶体学报, 2020, 4(3), 27-32.

[44] 薛启帆, 孙辰, 胡志诚, 等. 钙钛矿太阳电池研究进展:薄膜形貌控制与界面工程[J]. 化学学报, 2015, 73(003): 179-192.

[45] 崔钰莹. 界面工程在大面积柔性钙钛矿太阳能电池中的应用[J]. 冶金管理, 2020, 395(9): 89-90.

[46] GÜRAKAR S, OT H, HORZUM S, et al. Variation of structural and optical properties of TiO$_2$ films prepared by DC magnetron sputtering method with annealing temperature[J]. Materials Science and Engineering B, 2020, 262: 114782.

[47] TANG F, CHEN Q, CHEN L, et al. Mixture interlayer for high performance organic-inorganic perovskite photodetectors[J]. Applied Physics Letters, 2016,

109(12): 123301.

[48] KANG D H, PAE S R, SHIM J, et al. An ultrahigh-performance photodetector based on a perovskite-transition-metal-dichalcogenide hybrid structure[J]. Advanced Materials, 2016, 28(35): 7799-7806.

[49] YAN B C, PARK J H, AHN J H, et al. Effects of high-fat diet on neuronal damage, gliosis, inflammatory process and oxidative stress in the hippocampus induced by transient cerebral ischemia[J]. Neurochemical Research, 2014, 39(12): 2465-2478.

[50] SUTHERLAND B R, JOHNSTON A K, IP A H, et al. Sensitive, fast, and stable perovskite photodetectors exploiting interface engineering[J]. ACS Photonics, 2015, 2(8): 1117-1123.

[51] WANG H, KIM D H. Perovskite-based photodetectors: materials and devices[J]. Chemical Society Reviews, 2017, 46(17): 5204-5236.

[52] WANG Z, YU R, PAN C, et al. Light-induced pyroelectric effect as an effective approach for ultrafast ultraviolet nanosensing[J]. Nature Communication, 2015, 6(1): 1-7.

[53] LI J, YUAN S, TANG G, et al. High-performance, self-powered photodetectors based on perovskite and graphene[J]. ACS Applied Materials Interfaces, 2017, 9(49): 42779-42787.

[54] SUTHERLAND B R, JOHNSTON A K, IP A H, et al. Sensitive, fast, and stable perovskite photodetectors exploiting interface engineering[J]. 2015, 2(8): 1117-1123.

[55] LIU C, WANG K, DU P, et al. Ultrasensitive solution-processed broad-band photodetectors using $CH_3NH_3PbI_3$ perovskite hybrids and PbS quantum dots as light harvesters[J]. Nanoscale, 2015, 7(39): 16460-16469.

[56] ZHU H L, CHENG J, ZHANG D, et al. Room-temperature solution-processed NiOx: PbI_2 nanocomposite structures for realizing high-performance perovskite photodetectors[J]. Acs Nano, 2016, 10(7): 6808-6815.

[57] DOU L, YANG Y M, YOU J, et al. Solution-processed hybrid perovskite photodetectors with high detectivity[J]. Nature Communications, 2014, 5(1): 1-6.

[58] SHEN L, FANG Y, WANG D, et al. A self-powered, sub-nanosecond-response solution-processed hybrid perovskite photodetector for time-resolved photoluminescence-lifetime detection[J]. Advanced Materials, 2016, 28(48): 10794-10800.

[59] BAO C, ZHU W, YANG J, et al. Highly flexible self-powered organolead

trihalide perovskite photodetectors with gold nanowire networks as transparent electrodes[J]. ACS Applied Materials Interfaces, 2016, 8(36): 23868-23875.

[60] LI J, SHEN Y, LIU Y, et al. Stable high-performance flexible photodetector based on upconversion nanoparticles/perovskite microarrays composite[J]. ACS Applied Materials Interfaces, 2017, 9(22): 19176-19183.

[61] LI L, DENG Y, BAO C, et al. Self-filtered narrowband perovskite photodetectors with ultrafast and tuned spectral response[J]. Advanced Optical Materials, 2017, 5(22): 1700672.

[62] 庄志山, 邱琳琳, 陈悦, 等. 柔性钙钛矿太阳能电池研究进展[J]. 材料导报, 2018, 32(S2): 5-8.

[63] ULAGANATHAN R K, SANKAR R, LIN C Y, et al. High-performance flexible broadband photodetectors based on 2D hafnium selenosulfide nanosheets[J]. Advanced Electronic Materials, 2020, 6(1): 1900794.

[64] LIU H, ZHANG X, ZHANG L, et al. A high-performance photodetector based on an inorganic perovskite-ZnO heterostructure[J]. Journal of Materials Chemistry C, 2017, 5(25): 6115-6122.

[65] YI X, REN Z, CHEN N, et al. TiO_2 Nanocrystal/perovskite bilayer for high-performance photodetectors[J]. Advanced Electronic Materials, 2017, 3(11): 1700251.

[66] SUN H, LEI T, TIAN W, et al. Self-powered, flexible, and solution-processable perovskite photodetector based on low-cost carbon cloth[J]. Small, 2017, 13(28): 1701042.

[67] ZHENG Z, ZHUGE F, WANG Y, et al. Decorating perovskite quantum dots in TiO_2 nanotubes array for broadband response photodetector[J]. Advanced Functional Materials, 2017, 27(43): 1703115.

[68] POPOOLA A, GONDAL M A, POPOOLA I K, et al. Fabrication of bifacial sandwiched heterojunction photoconductor-Type and MAI passivated photodiode-Type perovskite photodetectors[J]. Organic Electronics, 2020, 84: 105730.

[69] XIONG S, TONG J, MAO L, et al. Double-side responsive polymer near-infrared photodetectors with transfer-printed electrode[J]. Journal of Materials Chemistry C, 2016, 4(7): 1414-1419.

[70] XU X, CHUEH C C, JING P, et al. High-performance Near-IR photodetector using low-bandgap $MA_{0.5}FA_{0.5}Pb_{0.5}Sn_{0.5}I_3$ Perovskite[J]. Advanced Functional Materials, 2017, 27(28): 1701053.

[71] LIANG F X, WANG J Z, ZHANG Z X, et al. Broadband, ultrafast, self-driven photodetector based on Cs-doped FAPbI$_3$ perovskite thin film[J]. Advanced Optical Materials, 2017, 5(22): 1700654.

[72] HAO F, STOUMPOS C C, CHANG R P, et al. Anomalous band gap behavior in mixed Sn and Pb perovskites enables broadening of absorption spectrum in solar cells[J]. Journal of the American Chemical Society, 2014, 136(22): 8094-8099.

[73] WANG W, ZHAO D, ZHANG F, et al. Highly sensitive low-bandgap perovskite photodetectors with response from ultraviolet to the near-infrared region[J]. Advanced Functional Materials, 2017, 27(42): 1703953.

[74] GENG W, ZHANG L, ZHANG Y N, et al. First-principles study of lead iodide perovskite tetragonal, orthorhombic phases for photovoltaics[J]. Journal of Physical Chemistry C, 2014, 118(34): 19565-19571.

[75] STOUMPOS C C, MALLIAKAS C D, KANATZIDIS M G. Semiconducting tin and lead iodide perovskites with organic cations: phase transitions, high mobilities, and near-infrared photoluminescent properties[J]. Inorganic Chemistry, 2013, 52(15): 9019-9038.

[76] LIN Q, ARMIN A, BURN P L, et al. Filterless narrowband visible photodetectors[J]. Nature Photonics, 2015, 9(10): 687-694.

[77] 郭旭东, 牛广达, 王立铎. 高效率钙钛矿型太阳能电池的化学稳定性及其研究进展[J]. 化学学报, 2014, 3: 211-218.

[78] LEE J W, SEOL D J, CHO A N, et al. High-efficiency perovskite solar cells based on the black polymorph of HC(NH$_2$)$_2$PbI$_3$[J]. Advanced Materials, 2014, 26(29): 4991-4998.

[79] NIU G, LI W, MENG F, et al. Study on the stability of CH$_3$NH$_3$PbI$_3$ films and the effect of post-modification by aluminum oxide in all-solid-state hybrid solar cells[J]. Journal of Materials Chemistry A, 2014, 2(3): 705-710.

[80] JIANG Q, REBOLLAR D, GONG J, et al. Pseudohalide-induced moisture tolerance in perovskite CH$_3$NH$_3$Pb(SCN)$_2$I thin films[J]. Angewandte Chemie, 2015, 127(26): 7727-7730.

[81] WANG C, ZHAO D, Yu Y, et al. Compositional and morphological engineering of mixed cation perovskite films for highly efficient planar and flexible solar cells with reduced hysteresis[J]. Nano Energy, 2017, 35: 223-232.

[82] LIANG P W, LIAO C Y, Chueh C C, et al. Additive enhanced crystallization of solution-processed perovskite for highly efficient planar-heterojunction solar cells[J]. Advanced Materials, 2014, 26(22): 3748-3754.

[83] SONG X, WANG W, SUN P, et al. Additive to regulate the perovskite crystal film growth in planar heterojunction solar cells[J]. Applied Physics Letters, 2015, 106(3): 033901.

[84] CHANG C Y, CHU C Y, HUANG Y C, et al. Tuning perovskite morphology by polymer additive for high efficiency solar cell[J]. ACS Applied Materials, 2015, 7(8): 4955-4961.

[85] FANG X, DING J, YUAN N, et al. Graphene quantum dot incorporated perovskite films: passivating grain boundaries and facilitating electron extraction[J]. Physical Chemistry Chemical Physics, 2017, 19(8): 6057-6063.

[86] ZHANG W, SALIBA M, STRANKS S D, et al. Enhancement of perovskite-based solar cells employing core-shell metal nanoparticles[J]. Nano Letters, 2013, 13(9): 4505-4510.

[87] SHAO Y, XIAO Z, BI C, et al. Origin and elimination of photocurrent hysteresis by fullerene passivation in $CH_3NH_3PbI_3$ planar heterojunction solar cells[J]. Nature Communications, 2014, 5(1): 1-7.

[88] HWANG I, JEONG I, LEE J, et al. Enhancing stability of perovskite solar cells to moisture by the facile hydrophobic passivation[J]. Acs Applied Materials & Interfaces, 2015, 7(31): 17330-17336.

[89] WANG C, SONG Z, ZHAO D, et al. Improving performance and stability of planar perovskite solar cells through grain boundary passivation with block copolymers[J]. Solar RRL, 2019, 3(9): 1900078.

[90] 刘宇灵. 基于 Pluronic 修饰的药物递送体系的构建及评价研究[D]. 北京: 中国中医科学院中药研究所, 2017.

[91] COMIN A, MANNA L. New materials for tunable plasmonic colloidal nanocrystals[J]. Chemical Society Reviews, 2014, 43(11): 3957-3975.

[92] 童廉明, 徐红星. 表面等离激元: 机理、应用与展望[J]. 物理, 2012, (09): 22-28.

[93] GIANNINI V, FERNÁNDEZ-DOMÍNGUEZ A I, Heck S C, et al. Plasmonic nanoantennas: fundamentals and their use in controlling the radiative properties of nanoemitters[J]. Chemical Reviews, 2011, 111(6): 3888-3912.

[94] BARNES W L, DEREUX A, EBBESEN T W. Surface plasmon subwavelength optics[J]. Nature, 2003, 424(6950): 824-830.

[95] HUTTER E, FENDLER J H. Exploitation of localized surface plasmon resonance[J]. Advanced Materials, 2004, 16(19): 1685-1706.

[96] JAIN P K, EUSTIS S, EL-SAYED M A. Plasmon coupling in nanorod

assemblies: optical absorption, discrete dipole approximation simulation, and exciton-coupling model[J]. Journal of Physical Chemistry B, 2006, 110(37): 18243-18253.

[97]　FLATAU P J. Improvements in the discrete-dipole approximation method of computing scattering and absorption[J]. Nano Letters, 1997, 22(16): 1205-1207.

[98]　TAFLOVE A, HAGNESS S C. Computational Electrodynamics: The finite-difference time-domain method[J]. Journal of Atmospheric and Terrestrial Physics, 1996, 58(15): 1817-1818.

[99]　JIN J M. The finite element method in electromagnetics[M]. Wiley-IEEE, 2014.

[100]　刘维康. 基于表面等离激元的光电探测[D]. 武汉: 武汉大学物理科学与技术学院, 2019.

[101]　CUSHING S K, WU N Q. Progress and perspectives of plasmon-enhanced solar energy conversion[J]. Journal of Physical Chemistry Letters, 2016, 7(4): 666-675.

[102]　柯熙政, 周茹. 等离激元光电探测器的光吸收特性研究[J]. 激光与光电子学进展, 2019, 56(20): 202415.

[103]　邱开放, 翟爱平, 王文艳, 等. 表面等离激元热载流子光电探测器研究进展[J]. 半导体技术, 2020, 45(4): 249-254.

[104]　LIN Q, ARMIN A, LYONS D M, et al. Low noise, IR-blind organohalide perovskite photodiodes for visible light detection and imaging[J]. Advanced Materials, 2015, 27(12): 2060-2064.

[105]　HUANG X, LI H, ZHANG C, et al. Efficient plasmon-hot electron conversion in Ag-CsPbBr$_3$ hybrid nanocrystals[J]. Nature Communication, 2019, 10(1): 1-8.

[106]　STUART H R, HALL D G. Absorption enhancement in silicon-on-insulator waveguides using metal island films[J]. Applied Physics Letters, 1996, 69(16): 2327-2329.

[107]　STUART H R, HALL D G. Island size effects in nanoparticle-enhanced photodetectors[J]. Applied Physics Letters, 1998, 73(26): 3815-3817.

[108]　NAKAYAMA K, TANABE K, ATWATER H A. Plasmonic nanoparticle enhanced light absorption in GaAs solar cells[J]. Applied Physics Letters, 2008, 93(12): 121904.

[109]　MATHEU P, LIM S, DERKACS D, et al. Metal and dielectric nanoparticle scattering for improved optical absorption in photovoltaic devices[J]. Applied Physics Letters, 2008, 93(11): 113108.

[110]　MAKAROV S V, MILICHKO V A, MUKHIN I S, et al. Controllable femtosecond

laser-induced dewetting for plasmonic applications[J]. Laser Photonics Reviews, 2016, 10(1): 91-99.

[111] SHANG Y, HAO S, YANG C, et al. Enhancing solar cell efficiency using photon upconversion materials[J]. Nanomaterials (Basel), 2015, 5(4): 1782-1809.

[112] SCHMID M, ANDRAE P, MANLEY P. Plasmonic and photonic scattering and near fields of nanoparticles[J]. Nanoscale Resarch Letters, 2014, 9(1): 1-11.

[113] MERTZ J. Radiative absorption, fluorescence, and scattering of a classical dipole near a lossless interface: a unified description[J]. Journal of the Optical Society of America B, 2000, 17(11): 1906-1913.

[114] ATWATER H A, POLMAN A. Plasmonics for improved photovoltaic devices[J]. Nature Materials, 2011, 9: 205-213.

[115] HÄGGLUND C, ZÄCH M, KASEMO B. Enhanced charge carrier generation in dye sensitized solar cells by nanoparticle plasmons[J]. Applied Physics Letters, 2008, 92(1): 013113.

[116] KONDA R, MUNDLE R, MUSTAFA H, et al. Surface plasmon excitation via Au nanoparticles in n-CdSe/p-Si heterojunction diodes[J]. Applied Physics Letters, 2007, 91(19): 191111.

[117] MORFA A J, ROWLEN K L, REILLY III T H, et al. Plasmon-enhanced solar energy conversion in organic bulk heterojunction photovoltaics[J]. Applied Physics Letters, 2008, 92(1): 013504.

[118] KIM S S, NA S I, JO J, et al. Plasmon enhanced performance of organic solar cells using electrodeposited Ag nanoparticles[J]. Applied Physics Letters, 2008, 93(7): 305.

[119] LUO L B, HUANG X L, WANG M Z, et al. The effect of plasmonic nanoparticles on the optoelectronic characteristics of CdTe nanowires[J]. Small, 2014, 10(13): 2645-2652.

[120] LU J, XU C, DAI J, et al. Improved UV photoresponse of ZnO nanorod arrays by resonant coupling with surface plasmons of Al nanoparticles[J]. Nanoscale, 2015, 7(8): 3396-3403.

[121] WANG H, LIM J W, QUAN L N, et al. Perovskite-gold nanorod hybrid photodetector with high responsivity and low driving voltage[J]. Advanced Optical Materials, 2018, 6(13): 1701397.

[122] SUN Z, AIGOUY L, CHEN Z. Plasmonic-enhanced perovskite-graphene hybrid photodetectors[J]. Nanoscale, 2016, 8(14): 7377-7383.

[123] LU R, GE C W, ZOU Y F, et al. A localized surface plasmon resonance and

light confinement-enhanced near-infrared light photodetector[J]. Laser Photonics Reviews, 2016, 10(4): 595-602.

[124]　FANG Z, LIU Z, WANG Y, et al. Graphene-antenna sandwich photodetector[J]. Nano Letters, 2012, 12(7): 3808-3813.

[125]　KNIGHT M W, SOBHANI H, NORDLANDER P, et al. Photodetection with active optical antennas[J]. Science, 2011, 332(6030): 702-704.

[126]　PARK H, DAN Y, SEO K, et al. Filter-free image sensor pixels comprising silicon nanowires with selective color absorption[J]. Nano Letters, 2014, 14(4): 1804-1809.

[127]　SOBHANI A, KNIGHT M W, Wang Y, et al. Narrowband photodetection in the near-infrared with a plasmon-induced hot electron device[J]. Nature Communication, 2013, 4(1): 1-6.

[128]　LIU Y, CHENG R, LIAO L, et al. Plasmon resonance enhanced multicolour photodetection by graphene[J]. Nature Communications, 2011, 2: 579.

[129]　XIA F, MUELLER T, GOLIZADEH-MOJARAD R, et al. Photocurrent imaging and efficient photon detection in a graphene transistor[J]. Nano Letters, 2009, 9(3): 1039-1044.

第 2 章　基于阳离子调控的
柔性钙钛矿光电探测器

　　本章在超薄聚酰亚胺(Polyimide, PI)衬底上设计制备了具有良好柔韧性和弯曲耐久性的横向 PPD。在 MAPbI$_3$ 基钙钛矿晶格中掺入阳离子 FA$^+$，通过双阳离子的协同作用提高了器件的响应能力。本章还分析了不同阳离子比例下的晶体形貌和结晶性，并结合载流子扩散/迁移规律阐明了 MA$_x$FA$_{1-x}$PbI$_3$ 基 PPD 中组分调控机理。本章可为柔性可穿戴高性能 PPD 的研发提供参考。

2.1　引　　言

　　PPD 的薄膜质量能够影响其性能。在钙钛矿结构的 ABX$_3$ 框架中，A 位是有机阳离子，B 位是二价金属阳离子，X 位是卤素阴离子。通过改变组分可以调节薄膜质量以及相应的光电特性。因此基于离子掺杂的组分工程是一种可以获得较好的薄膜质量和结晶度的可行策略，可实现高性能的 PPD[1]。

　　目前最常用的 MAPbI$_3$ 具有较大的带隙，且其响应范围有限，因此目前很多工作将如何获得宽带响应的光电器件作为挑战。尤其是在钙钛矿太阳能电池领域，拓宽的光谱响应使更多的太阳光得到利用，从而提高了效率。Hao 等[2-3]通过调整 Sn 和 Pb 的物质的量的比，使混合 Sn-Pb 钙钛矿(MASn$_{1-x}$Pb$_x$I$_3$)的带隙从 1.17 eV 增加到 1.55 eV，所得电池的 PCE 提高到 7.37%。虽然混合 Sn-Pb 钙钛矿的吸收区域可以扩展到近红外区，但 Sn^{2+} 容易氧化，这使得基于 MASn$_{1-x}$Pb$_x$I$_3$ 的钙钛矿不稳定。Wang 等人[4-5]采用低禁带(FASnI$_3$)$_{0.6}$(MAPbI$_3$)$_{0.4}$ 钙钛矿作为活性层制备了高灵敏度和稳定的 PPD，该器件表现出 300～1000 nm 的宽带响应。然而这些策略都致力于拓宽光谱响应范围以获得高效率的太阳能电池，对于特定探测光下组分比例对器件性能的影响以及内部机理研究较少。因此，本章从 A 位阳离子入手，用

FA$^+$ 替换常规的 MAPbI$_3$ 基钙钛矿中的一部分 MA$^+$，制备了轻质的基于 MA$_x$FA$_{1-x}$PbI$_3$ 组分的 PPD。结果表明在 MA 基钙钛矿中掺入一定量的 FA$^+$可以有效提高薄膜质量，其表面形貌更好，载流子寿命更长。低温过程使得 PPD 的形成稳定且易操作。在 MA$_{0.4}$FA$_{0.6}$PbI$_3$ 组分的钙钛矿薄膜上获得了高响应度和低响应时间。另外，得益于钙钛矿薄膜加工过程温度低、溶液易制备的特点，柔性 PPD 更是在光电探测和光伏甚至航空中大有应用空间。本章在柔性衬底上制备了 PPD，弯曲疲劳测试表明了柔性 PPD 具有良好的柔韧性和弯曲耐久性。

2.2　MA$_x$FA$_{1-x}$PbI$_3$ 基钙钛矿光电探测器的制备

图 2-1 为制备 MA$_x$FA$_{1-x}$PbI$_3$ 基 PPD 的示意图。

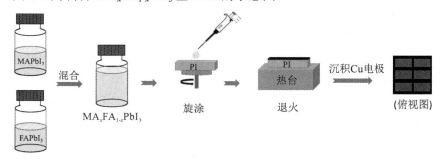

图 2-1　MA$_x$FA$_{1-x}$PbI$_3$ 基 PPD 制备示意图

具体步骤如下：

(1) 配制前驱液。

将 CH$_3$NH$_3$I(简写为 MAI)和 PbI$_2$ 以 1∶1 溶解于 DMF 和 DMSO 中，得到 45 wt%的 MAPbI$_3$，再加入一定量的添加剂 Pb(SCN)$_2$(使 Pb(SCN)$_2$ 的占比为 3 wt%)。使用同样的方法，用 HC(NH$_2$)$_2$I(简写为 FAI)替换 MAI，得到 FAPbI$_3$。将二者以一定的体积比混合，得到 MA$_x$FA$_{1-x}$PbI$_3$ 前驱液。本章中，x 分别取 1、0.8、0.6、0.4、0.2 和 0。

(2) 制备 PPD。

本章中使用的柔性衬底为 PI 薄膜，使用前需通过洗洁精和脱脂棉清洗并进行臭氧处理，以除去表面杂质并提高表面浸润性。将用于扫描电子显微镜(Scanning Electron Microscope, SEM)、X 射线衍射(X-ray Diffraction, XRD)表征的样品放在钠钙玻璃上，使用前将衬底相继浸润在去离子水、酒精、丙酮中超声振荡 10 min，再进行臭氧处理。设置旋涂过程为：500 rad/s 的转速下旋涂 3 s，4000 r/s 的转速下旋涂 60 s。取 50 μL 前驱液滴在衬底上，待液体通过衬底表面的亲水性自然平铺后开始旋涂，在转速为 4000 rad/s 时的第 5～7 s 向衬底上迅速连续滴加 600 μL

乙醚作为反溶剂[6]。待旋涂结束,将衬底放在热台上退火,步骤为先在 70 ℃下退火 2 min,再在更高温度下退火 15 min。这个更高温度随着 x 值的变化而改变。当 x 值为 1 和 0.8 时,温度为 100 ℃;当 x 值为 0.6 和 0.4 时,温度为 130 ℃;当 x 的值为 0.2 和 0 时,温度为 150 ℃。因为 FAPbI$_3$ 从黄相转换为黑相时的转换温度大致为 150 ℃[7],所以 FA 的比例越大,所需的退火温度越高。需要注意的是,所有过程均在氮气保护下进行。钙钛矿薄膜制备完成后,在掩模板的辅助下用热蒸发沉积系统以 1 Å/s 的沉积速度将 100 nm 的铜电极沉积在薄膜表面。

2.3 形貌及晶相分析

图 2-2(a)~(f)给出了 MA$^+$ 和 FA$^+$ 不同比例时钙钛矿薄膜的 SEM 表征图。所有薄膜的晶粒尺寸都在 1 μm 以上,这得益于 Pb(SCN)$_2$ 增大了晶粒。边界处更亮一点的颗粒是残余的 PbI$_2$,这是因为 Pb(SCN)$_2$ 会与 MAI 和 FAI 反应形成杂化的 $(MA_xFA_{1-x})_2Pb(SCN)_2I_2$,此时由于没有过量的 MAI 和 FAI,$(MA_xFA_{1-x})_2Pb(SCN)_2I_2$ 会在相对较高的温度下分解,即 $(MA_xFA_{1-x})_2Pb(SCN)_2I_2 \rightarrow 2(CH_3NH_2\uparrow + HSCN\uparrow) + PbI_2$。由于 Pb(SCN)$_2$ 的添加,出现了过量的 PbI$_2$。晶界处的 PbI$_2$ 可以作为减小界面复合的钝化物[8]。随着 FA$^+$ 组分的增加,晶粒尺寸逐渐增大,这表明 FAPbI$_3$ 对 Pb(SCN)$_2$ 更敏感。但与 MAPbI$_3$ 相比,δ 相的存在使 FAPbI$_3$ 具有更高的裂解能和较慢的成核速度,因此添加 FA 会影响膜质量。图 2-2(d)中的 MA$_{0.4}$FA$_{0.6}$PbI$_3$ 钙钛矿薄膜的晶体尺寸较大,约为几微米,晶粒之间被 PbI$_2$ 颗粒包围[9]。

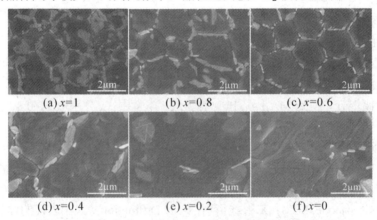

图 2-2 不同 x 值的 MA$_x$FA$_{1-x}$PbI$_3$ 钙钛矿薄膜的 SEM 表征图

下面通过 XRD 分析晶粒尺寸对结晶性的影响。图 2-3(a)为不同 x 值的钙钛矿薄膜的 XRD,14° 和 28° 处分别是其(110)和(220)衍射峰,位于 12.8° 的是 PbI$_2$ 的衍射峰[10]。图 2-3(b)为(110)衍射峰的放大图,随 FA$^+$ 量的增加,(110)衍射峰逐渐向小角度移动，这表明 FA$^+$已经成功地掺入材料中。因为 FA$^+$的半径大于 MA$^+$，所以它的加入会使原来钙钛矿的晶格变大，使衍射峰向小角度方向移动[5, 11]。但是(110)衍射峰的强度却逐渐减小，这可能是因为 FAPbI$_3$的结合能更高。图 2-3(c)是(110)衍射峰的位置及 FWHM 随 x 值变化的趋势，随着 FA$^+$含量的增加，FWHM 逐渐增加，这与峰强度减小的趋势是一致的，表明结晶性变差。对于 FA 基的钙钛矿来说，室温下黑相(α-phase)的钙钛矿很容易变成黄相(δ-phase)的钙钛矿[12]，所以 FA 主导的薄膜表面形貌相对较差。当 FA 比例大于 0.8 时，薄膜质量下降。

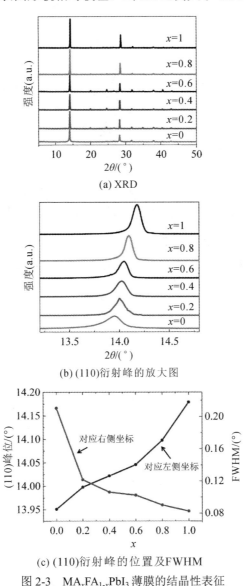

(a) XRD

(b) (110)衍射峰的放大图

(c) (110)衍射峰的位置及FWHM

图 2-3　MA$_x$FA$_{1-x}$PbI$_3$薄膜的结晶性表征

2.4 器件的光电性能测试

PPD 的光电性能与钙钛矿薄膜质量密切相关。图 2-4(a)和(b)分别为 PPD 构型的侧视和顶视示意图。钙钛矿薄膜、柔性衬底以及 Cu 电极呈三明治结构,沟道为长方形,长和宽分别为 0.3 cm 和 0.009 cm,沟道面积(工作面积)为 0.0027 cm²,激发光波长为 532 nm,光斑覆盖整个沟道。图 2-4(c)为探针台测试实物图。

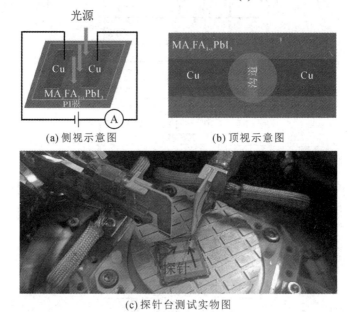

(a) 侧视示意图   (b) 顶视示意图

(c) 探针台测试实物图

图 2-4 PPD 构型示意及测试图

图 2-5 是不同比例 MA⁺和 FA⁺的 PPD 的电压-光电流特性曲线,其中,图 2-5(a)~(f)分别对应 x 为 1、0.8、0.6、0.4、0.2 和 0 时的电压-光电流特性曲线。激发光功率密度分别为 1.2 mW·cm⁻²、5.7 mW·cm⁻²、29.9 mW·cm⁻²、146.1 mW·cm⁻² 和 372.2 mW·cm⁻²。从图 2-5(a)~(f)可以看出,每个 PPD 的电压-光电流特性曲线都呈线性关系,且功率密度越高,光电流越大。同等条件下,$MA_{0.4}FA_{0.6}PbI_3$ 对应的器件的性能最好。在 2 V 的电压下,当功率密度为 372.2 mW·cm⁻² 时,x 为 1、0.8、0.6、0.4、0.2 和 0 所对应的器件的光电流值分别为 3.9 μA、6.4 μA、8.3 μA、11.6 μA、8.8 μA 和 0.3 μA,呈先增加后减小的趋势。这表明在简单器件构型中,$MA_{0.4}FA_{0.6}PbI_3$ 基 PPD 中 MA⁺和 FA⁺的比例是双阳离子的最优配比,这归功于拓宽的波长范围和提高的薄膜质量(这将在下一节详细说明)。但是,$x = 0$ 时 PPD 的光电流很小,且器件性能极不稳定,这表明在大气环境中纯 $FAPbI_3$ 薄膜很不稳定。

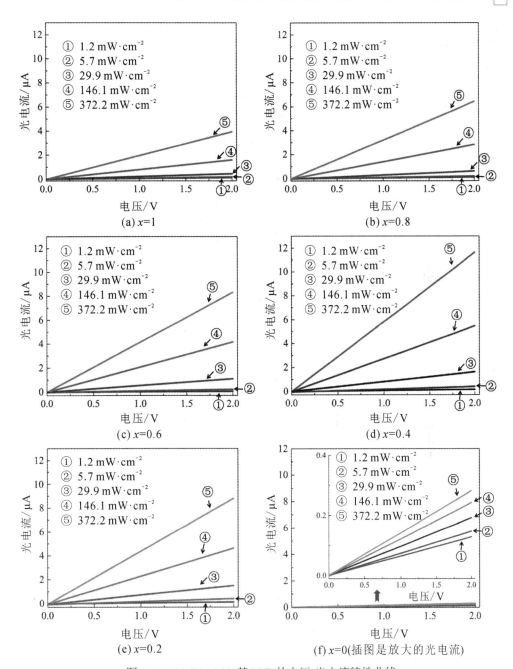

图 2-5　$MA_xFA_{1-x}PbI_3$ 基 PPD 的电压-光电流特性曲线

图 2-6(a)给出了功率密度为 372.2 mW·cm^{-2}，偏压为 2 V 时，PPD 的瞬态光响应行为。随着激发光开/关，光电流快速变化。这表明 PPD 具有较高的响应速度，且在很长一段时间内光电流变化稳定，没有明显的下降。图 2-6(b)为图 2-6(a)

中的一个开关周期。输出信号从 10%上升到 90%的上升时间 t_{on} 为 89 ms，从 90%下降到 10%的下降时间 t_{off} 为 47 ms。这表明，基于简单结构的 PPD 具有快速的光响应。

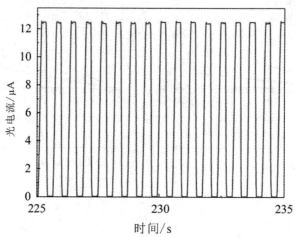

(a) 光源周期性开/关时的光电流-时间曲线

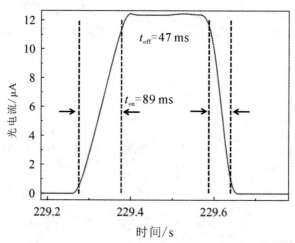

(b) 229.18～229.78 s时间段内的光电流-时间曲线

图 2-6　PPD 的瞬态光响应

图 2-7(a)给出了入射光功率密度为 372.2 mW·cm^{-2} 时，不同电压下的响应度。可以看出，随电压增加，响应度增大，并在 $x = 0.4$ 时达到最大。图 2-7(b)给出了偏压为 2 V 时，不同功率密度下的响应度。可以看出，随功率密度增加，响应度逐渐减小。因此 MA$_x$FA$_{1-x}$PbI$_3$ 基 PPD 的光电特性与电压、功率密度、x 值都有关，且相同电压和功率密度下，MA$_{0.4}$FA$_{0.6}$PbI$_3$ 基 PPD 的光电特性最优。

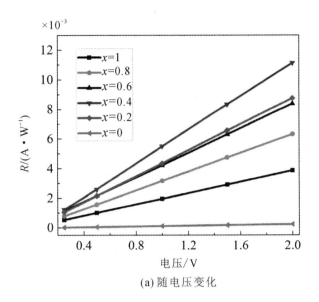

(a) 随电压变化

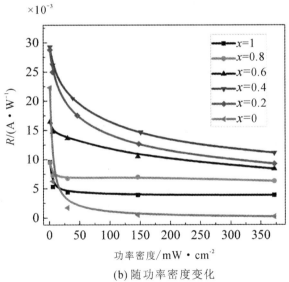

(b) 随功率密度变化

图 2-7　$MA_xFA_{1-x}PbI_3$ 基 PPD 的响应度

表 2-1 给出了不同 x 值下,在电压为 2 V,入射光功率密度为 372.2 mW·cm^{-2} 时 PPD 的响应度 R、比探测率 D^*、上升时间 t_{on} 和下降时间 t_{off}。由表 2-1 可知,$MA_{0.4}FA_{0.6}PbI_3$ 基 PPD 的性能表现是最优的,性能最差的是 $FAPbI_3$ 基 PPD。虽然 D^*、t_{on} 和 t_{off} 在 $MA_{0.8}FA_{0.2}PbI_3$ 基 PPD 上出现了拐点,但是随 FA^+ 的掺入量逐渐增加,R 和 D^* 的整体变化规律呈先增大后减小的趋势,而 t_{on} 和 t_{off} 的整体变化规律呈先减小后增大的趋势。

表 2-1 不同 x 值的器件性能

样　品	$R/(A \cdot W^{-1})$	$D^*/Jones$	t_{on}/ms	t_{off}/ms
MAPbI$_3$基PPD	0.0038	3.14×10^{10}	92	51
MA$_{0.8}$FA$_{0.2}$PbI$_3$基PPD	0.0063	3.13×10^{10}	95	56
MA$_{0.6}$FA$_{0.4}$PbI$_3$基PPD	0.0083	3.20×10^{10}	90	50
MA$_{0.4}$FA$_{0.6}$PbI$_3$基PPD	0.0111	3.26×10^{10}	89	47
MA$_{0.2}$FA$_{0.8}$PbI$_3$基PPD	0.0087	3.18×10^{10}	93	49
FAPbI$_3$基PPD	0.0023	3.13×10^{10}	100	62

2.5　组分调控机理分析

　　光电探测器的性能与载流子密度以及传输能力有关，光照下大于或者等于带隙的高能光子被吸收，激发电子-空穴对，使载流子浓度增加、电导率增加。若给半导体加偏置电压，材料内部携带的电荷被收集到外部电路中，产生光电流[13]。半导体中载流子的电流密度等于漂移电流密度与扩散电流密度之和。假设半导体器件上各个参数只在一个方向上发生变化，则电流密度方程(又称为输运方程)可表示为

$$J_n = qn\mu_n E + qD_n \frac{dn}{dx} \tag{2-1}$$

式中，J_n 表示电流密度，$qn\mu_n E$ 表示漂移电流密度，$q = 1.6 \times 10^{-19}$ C，n 为载流子浓度，qn 为电荷密度，μ_n 为迁移率，μ_n 主要取决于晶格振动以及杂质对载流子的散射作用，E 为外加电场；qD_n 表示扩散电流密度，D_n 为扩散系数，用来衡量非平衡载流子的扩散能力。弱电场作用下，半导体中载流子漂移运动服从如下关系式：

$$v = \frac{\sigma}{nq} E = \mu_n \cdot E \tag{2-2}$$

$$\mu_n = \frac{qt_c}{m^*} \tag{2-3}$$

其中，v 为电子平均漂移速度；σ 为电导率；m^*为电子有效质量；漂移过程中电子与晶格发生碰撞，t_c 为两次碰撞之间的平均时间。当半导体中杂质浓度增加时，载流子碰撞机会增多，t_c 减小，μ_n 也减小。在图 2-7(a)中，外加电压越大，电场越大，这使更多载流子以更快速度贡献于端电流，减少可能的复合，所以响应度与电压呈正比。图 2-7(b)中，功率密度增加使载流子密度增加，光电流更大，但是增大的载流子密度也会使载流子更容易复合，不能完全贡献于光电流，使响应度减小。

　　通过测试不同阳离子比例下钙钛矿薄膜的光学和电学特性，阐明表 2-1 中探测器性能趋势的原因。图 2-8(a)是不同阳离子比例钙钛矿薄膜的紫外可见吸收光谱。随 FA^+ 含量增加，吸收截止位置从 790 nm 红移到 840 nm，这是因为离子半径增大会使晶胞扩张，使带隙变窄、光谱红移。

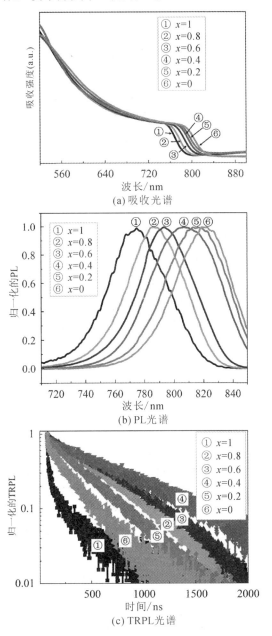

(a) 吸收光谱

(b) PL光谱

(c) TRPL光谱

图 2-8　$MA_xFA_{1-x}PbI_3$ 薄膜的光学响应

半导体器件工作时的能量跃迁决定了器件的可探测波长极限，其关系可表示为

$$\lambda = \frac{hc}{\Delta E} = \frac{1.24 \text{ eV} \cdot \mu\text{m}}{\Delta E} \tag{2-4}$$

其中，λ 为可探测的最大波长，其单位为 μm；ΔE 为能级变化，其单位为 eV，通常跃迁能量差为半导体的带隙。FA^+ 掺入后带隙变窄、可探测波长变大、吸收截止位置红移。由图 2-8(a)中波长截止位置 840 nm，计算可得 $FAPbI_3$ 的带隙为 1.47 eV，与文献报道一致[14]。同理，减小的带隙使 $MA_xFA_{1-x}PbI_3$ 钙钛矿薄膜的 PL 光谱红移，如图 2-8(b)所示。

半导体中被激发的电子-空穴对的直接复合会导致发光，PL 反映了半导体中光生额外载流子对的复合过程。时间分辨光致发光谱(Time Resolution Photoluminescence, TRPL)反映了处于激发态的半导体辐射跃迁光谱随时间变化的动力学过程，反映了半导体中的载流子复合的整体情况[15]。图 2-8(c)给出了 $MA_xFA_{1-x}PbI_3$ 钙钛矿薄膜的 TRPL 光谱，可用来对比不同钙钛矿薄膜的载流子寿命特点。利用 Symphony -II CCD(Horiba)检测器检测收集 PL 信号，其中的光源为波长 532 nm 连续激光(光束直径约为 90 μm，功率密度为 40 mW·cm^{-2})，光栅单色仪参数选择 300 g mm^{-1}(积分时间为 0.5 s)。使用时间相关的单光子计数(TCSPC)模块(Becker & Hickel Simple Tau SPCM 130-E/M 模块)和 APD/PMT 模块((R10467U-50)检测辐射重组事件(积分时间为 600 s))检测 TRPL，其中的光源为 532 nm 脉冲激光(脉冲宽度为 5 ps，光束直径约为 150 μm)，以 1010(光子/脉冲)/cm^2 激发。利用式(2-5)的双指数函数拟合 TRPL 结果，其拟合结果以及由式(2-6)计算得到的平均寿命如表 2-2 所示，τ_1 和 τ_2 分别与界面复合和体复合相关。

$$y = y_0 + A_1 \cdot \exp\left[\frac{-(x - x_0)}{\tau_1}\right] + A_2 \cdot \exp\left[\frac{-(x - x_0)}{\tau_2}\right] \tag{2-5}$$

$$\text{Mean life time} = \langle\tau\rangle \frac{A_1\tau_1^2 + A_2\tau_2^2}{A_1\tau_1 + A_2\tau_2} \tag{2-6}$$

表 2-2 不同组分钙钛矿薄膜的 PL 和 TRPL 结果

x	发射峰位置/nm	τ_1/ns	τ_2/ns	平均寿命/ns
1	774	4	368	133
0.8	787	33	461	460
0.6	793	52	574	571
0.4	807	3	748	748
0.2	815	24	360	358
0	821	4	236	234

x 影响载流子寿命，当 $x < 0.4$ 时，MA 基钙钛矿中添加 FA^+，可增加载流子寿命；当 $x = 0.4$ 时，载流子寿命达到 748 ns；当 $x > 0.4$ 时，载流子寿命开始减小，这可能是结晶性减小导致的。结合表 2-1 中的结果可以看出，合适比例的双离子掺入的钙钛矿比单阳离子钙钛矿的性能更好。FA 含量为 0.6 时 PPD 的响应度最高。

定态下 $N(x)$ 分布稳定，可表示为

$$N(x) = N_0 e^{-\frac{x}{L}} \tag{2-7}$$

$$L = (\tau D_n)^{\frac{1}{2}} \tag{2-8}$$

其中，N_0 为初始载流子数量；$N(x)$ 为扩散 x 距离时的载流子数量；τ 为非平衡载流子寿命；L 称为扩散长度，表示 $N(x)$ 减小到 N_0 的 $1/e$ 时所对应的距离 x。在扩散与漂移同时存在(半导体既受光照，又有外加电场时)的情况下，扩散系数 D_n 与迁移率 μ_n 之间有爱因斯坦关系，为

$$D_n = \frac{kT}{q} \mu_n \tag{2-9}$$

其中，kT/q 为比例系数，室温(300 K)下为 0.026 V($k = 1.38 \times 10^{-23}$ m$^2 \cdot$ kg $\cdot$ s$^{-2} \cdot$ K^{-1})。本章中 FA^+ 对 MA^+ 的替换是对晶格内部的改变，而非作为杂质掺入，所以可以认为迁移率、平均迁移速度和扩散系数都不变。由式(2-8)可知，载流子寿命越长，扩散长度越大，更多的载流子被外电路收集。载流子寿命对 $MA_xFA_{1-x}PbI_3$ 钙钛矿薄膜的载流子输运特性起主导作用。

2.6　柔性性能测试

光电器件的柔性性能包括柔韧性(通过可弯曲半径/角度评估)和弯曲耐久性(通过弯曲次数以及该弯曲次数前后的性能变化量评估)。目前横向 PPD 的柔性衬底主要使用 PET 和 PEN，而本书选用 PI 膜，这是因为它更柔软，可以在更小的弯曲半径时获得优异的稳定性。为保证每次弯曲半径相同，借助一个半径为 0.3 cm 的圆柱进行弯曲测试。图 2-9(a)给出了偏压为 2 V，光功率密度为 372.2 mW $\cdot$ cm^{-2} 时，对大小为 14 mm × 14 mm 的柔性 PPD 的弯曲测试结果，其中左边插图为自由空间柔性 PPD 示意图，右边插图为 PPD 在探头上的示意图。当弯曲次数小于 70 时，响应度基本不变；当弯曲次数大于 70 且小于 400 次时，保持初始响应度的 92%；当弯曲次数为 600 次时，保持初始响应度的 85%。图 2-9(b)给出了对大小为 38 mm × 38 mm 的探测器的破坏性能测试结果，其中下侧插图表示压缩前，上侧插图表示压缩后，响应度分别为 10×10^{-3} A $\cdot$ W^{-1} 和 6×10^{-3} A $\cdot$ W^{-1}，压缩后

仍保持初始响应度的 60%。

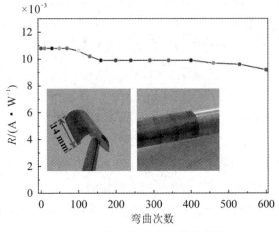

(a) 响应度随弯曲次数的变化

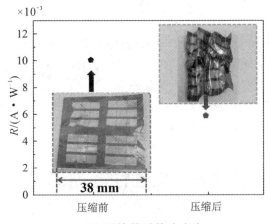

(b) 压缩前后的响应度

图 2-9　弯曲及破坏性性能测试结果

　　表 2-3 给出了所制备的 PPD 与已报道的几种典型的柔性光电导型 PPD 的光电性能和柔性性能对比。相比其他器件，所制备的 PPD 的响应度偏低。相对于 MAPbI$_3$/PDPP3T 异质结 PPD，所制备的 PPD 的比探测率更高。相对于 MAPbI$_3$、MAPbI$_3$/PDPP3T，所制备的 PPD 具有更快的响应速度。相比于其他器件，所制备的柔性 PPD 的测试弯曲半径更小，弯曲 600 次的响应度还可保持为原来响应度的 85%。这一测试结果表明，所制备的 PPD 具有良好的柔韧性和弯曲耐久性。

表 2-3　柔性 PPD 性能对比

衬底	材料	响应范围/nm	$R/(\text{A} \cdot \text{W}^{-1})$	D^*/Jones	t_{on}/ms	t_{off}/ms	半径/mm	弯曲次数	变化
PET/ITO	$MAPbI_3$	310~780	3.49	—	<200	<200	—	120	constant[a][16]
PET/ITO	$MAPbI_3$ (Vapor method)	400~760	75	2.0×10^{11}	0.23	0.38	3.3	200	constant[a][17]
PET/Au	$MAPbI_3$/ PDPP3T	300~937	0.053	1.5×10^{10}	40	140	4	1000	83%[b][18]
PET	$ZnO/CsPbBr_3$	370~530	4.25	—	0.21	0.24	5	10 000	98%[a][19]
PEN	$MAPbI_3$/RhB	550	43.6	—	60	40	9	1000	92%[b][20]
PI	$MA_{0.4}FA_{0.6}PbI_3$	532	0.011	3.26×10^{10}	89	47	3	600	85%[b]

[a]指光电流，[b]指响应度。如：83%[b]表示弯曲 1000 次以后，响应度为初始响应度的 83%。

2.7　本　章　小　结

本章制备了具有良好柔韧性和弯曲耐久性的 $MA_xFA_{1-x}PbI_3$ 基柔性横向钙钛矿光电探测器。将阳离子 FA^+ 掺入 $MAPbI_3$ 基钙钛矿晶格中调控 PPD 的响应能力，通过 MA^+ 和 FA^+ 双阳离子的混合协同作用，增加光电流，缩短响应时间。性能最好的 $MA_{0.4}FA_{0.6}PbI_3$ 基钙钛矿光电探测器的响应度 R 和比探测率 D^* 分别为 0.011 $\text{A} \cdot \text{W}^{-1}$ 和 3.26×10^{10} Jones，上升时间 t_{on} 为 89 ms，下降时间 t_{off} 为 47 ms。同时，本章还分析了组分调控的机理，实验发现，$MA_{0.4}FA_{0.6}PbI_3$ 基钙钛矿光电探测器的光电流增大，归功于该组分钙钛矿薄膜中载流子寿命增加和电荷复合率减小。

本章参考文献

[1] GENG W, ZHANG L, ZHANG Y N, et al. First-principles study of lead iodide perovskite tetragonal and orthorhombic phases for photovoltaics[J]. Journal of Physical Chemistry C, 2014, 118(34): 19565-19571.

[2] HAO F, STOUMPOS C C, CHANG R P, et al. Anomalous band gap behavior in mixed Sn and Pb perovskites enables broadening of absorption spectrum in solar

cells[J]. Journal of the American Chemical Society, 2014, 136(22): 8094-8099.

[3]   HAO F, STOUMPOS C C, CAO D H, et al. Lead-free solid-state organic-inorganic halide perovskite solar cells[J]. Nature photonics, 2014, 8(6): 489-494.

[4]   WANG H, LIM J W, QUAN L N, et al. Perovskite-gold nanorod hybrid photodetector with high responsivity and low driving voltage[J]. Advanced Optical Materials, 2018, 6(13): 1701397.

[5]   LI Z, YANG M, PARK J-S, et al. Stabilizing perovskite structures by tuning tolerance factor: formation of formamidinium and cesium lead iodide solid-state alloys[J]. Chemistry of Materials, 2016, 28(1): 284-292.

[6]   GUO H, HUANG X, PU B, et al. Impact of halide stoichiometry on structure-tuned formation of $CH_3NH_3PbX_{3-a}Y_a$ hybrid perovskites[J]. Solar Energy, 2017, 158: 367-379.

[7]   PANG S, HU H, ZHANG J, et al. $NH_2CHNH_2PbI_3$: an alternative organolead iodide perovskite sensitizer for mesoscopic solar cells[J]. Chemistry of Materials, 2014, 26(3): 1485-1491.

[8]   AHN N, SON D Y, JANG I H, et al. Highly reproducible perovskite solar cells with average efficiency of 18.3% and best efficiency of 19.7% fabricated via lewis base adduct of lead (II) iodide[J]. Journal of the American Chemical Society, 2015, 137(27): 8696-8699.

[9]   KUBICKI D J, PROCHOWICZ D, HOFSTETTER A, et al. Phase segregation in Cs-, Rb-and K-doped mixed-cation $(MA)_x(FA)_{1-x}PbI_3$ hybrid perovskites from solid-state NMR[J]. Journal of the American Chemical Society, 2017, 139(40): 14173-14180.

[10]   WANG C, SONG Z, ZHAO D, et al. Improving performance and stability of planar perovskite solar cells through grain boundary passivation with block copolymers[J]. Solar RRL, 2019, 3(9): 1900078.

[11]   DENG Y, DONG Q, BI C, et al. Air-stable, efficient mixed-cation perovskite solar cells with Cu electrode by scalable fabrication of active layer[J]. Advanced Energy Materials, 2016, 6(11): 1600372.

[12]   LEE J W, KIM H S, PARK N G. Lewis acid-base adduct approach for high efficiency perovskite solar cells[J]. Accounts of Chemical Research, 2016, 49(2): 311-319.

[13]   MIAO J, ZHANG F. Recent progress on highly sensitive perovskite photodetectors[J]. Journal of Materials Chemistry C, 2019, 7(7): 1741-1791.

[14]   JING L Q, QU Y C, WANG B Q, et al. Review of photoluminescence performance

of nano-sized semiconductor materials and its relationships with photocatalytic activity-ScienceDirect[J]. Solar Energy Materials and Solar Cells, 2006, 90(12): 1773-1787.

[15] BAEK, DOHYUN. Carrier lifetimes in thin-film photovoltaics[J]. Journal of the Korean Physical Society, 2015, 67(6): 1064-1070.

[16] HU X, ZHANG X, LIANG L, et al. High-performance flexible broadband photodetector based on organolead halide perovskite[J]. Advanced Functional Materials, 2014, 24(46): 7373-7380.

[17] HU W, HUANG W, YANG S, et al. High performance flexible photodetectors based on high quality perovskite thin films by a vapor solution method[J]. Advanced Materials, 2017, 29(43): 1703256.

[18] CHEN S, TENG C, ZHANG M, et al. A flexible UV-Vis-NIR photodetector based on a perovskite/conjugated-polymer composite[J]. Advanced Materials, 2016, 28(28): 5969-5974.

[19] LIU H, ZHANG X, ZHANG L, et al. A high-performance photodetector based on an inorganic perovskite-ZnO heterostructure[J]. Journal of Materials Chemistry C, 2017, 5(25): 6115-6122.

[20] TENG C J, XIE D, SUN M, et al. Organic dye sensitized $CH_3NH_3PbI_3$ hybrid flexible photodetector with bulk heterojunction architectures[J]. ACS Applied Materials & Interfaces, 2016, 8(45): 31289-31294.

[21] ZHANGM D, LUQ N, WANG C L, et al. Improving the performance of ultra-flexible perovskite photodetectors through cation engineering. Journal of Physics D: Applied Physics, 2020, 53(23): 235107.

第 3 章 柔性半透明自驱动钙钛矿光电探测器的性能改善

本章基于 $MA_{0.4}FA_{0.6}PbI_3$ 薄膜进一步探索新的器件制备工艺,通过薄膜内掺杂进一步调控 PPD 的响应能力和稳定性。首先,利用 Ag NP 提高了器件响应能力,并分析了其 LSPR 效应以及杂质特点对载流子产生以及复合的影响。然后选用两亲性嵌段共聚物 F68,通过其界面钝化作用提高了器件长程稳定性。本章制备了具有 $300 \sim 800$ nm 宽带检测能力和 80% 的良好双面因子的柔性自驱动 PPD。相比于第 2 章,本章器件结构和性能调控效果更满足低驱动电压下的高响应要求,对实现基于 LSPR 的高响应低能耗 PPD 具有重要价值。

3.1 引　　言

柔性半透明 PPD 的重量轻且其双面因子较高,但其响应度相对较低且稳定性较差。由于局域强电场的增强光捕获效应,目前对 NP 的 LSPR 已经有了较多的研究[1-2]。大多数报道中,NP 呈岛膜状,它被组装在平面衬底上,具有水平分布的特征,与钙钛矿材料的接触有限[3-4]。与可能阻挡光透过的纳米岛膜相比,使 NP 在钙钛矿块体中呈浸没分布会更好。在这种呈浸没分布的结构中,NP 与钙钛矿具有更紧密的接触,这有利于光收集和电荷传输。依据这种思路,Chen 等[5-6]将金属合金纳米粒子掺入 Spiro-OMeTAD 空穴传输层中,利用大尺寸合金纳米粒子的光散射作用以及良好的导电性,实现了高效、稳定的钙钛矿太阳能电池。然而,很少有研究报道将 NP 掺入钙钛矿光吸收层中,以利用其 LSPR 效应提高钙钛矿光电器件性能。

除急需提高光响应能力外,解决钙钛矿材料在高能光子、超氧分子、湿气中暴露后的不稳定性问题仍是目前面临的重要课题。水分子可以渗透到晶体中,这种吸湿特性使钙钛矿材料易于分解[7-8]。界面钝化和疏水处理是从材料方面出发解决稳定性问题最有效的方法，其中两亲性嵌段共聚物是比较理想的钝化处理物质之一，因为它的亲水性部分通过氢键锚固在钙钛矿薄膜表面，而疏水性部分则通过形成悬空键来增强薄膜的整体疏水性[9-10]。

在第 2 章最佳阳离子比例的钙钛矿薄膜中，引入 PVP 包裹的 Ag NP，可进一步增强 PPD 的响应能力。本章通过理论模拟分析了 Ag NP 的 LSPR 导致光学增强的原因，讨论了增强的局域场对提高 PPD 性能的作用机理。同时本章也通过引入非离子两亲性嵌段共聚物表面活性剂 F68，改善了薄膜的耐湿性，进而提高了器件稳定性。本章还探索了基于上述薄膜的柔性半透明自驱动 PPD 的制备方法。

3.2　柔性半透明自驱动钙钛矿光电探测器的制备

图 3-1 为柔性半透明自驱动 PPD 制备的示意图。

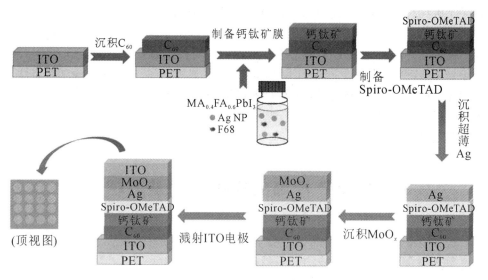

图 3-1　柔性半透明自驱动 PPD 制备示意图

制备柔性半透明自驱动 PPD 的具体步骤如下：

(1) 配制钙钛矿前驱液。

用第 2 章中的方法配制 $MA_{0.4}FA_{0.6}PbI_3$ 前驱液。本章中 Ag NP 掺杂以及嵌段共聚物 F68 掺杂都是直接在前驱液中进行的。在钙钛矿前驱液中，掺入 Ag NP 粉末(99.95%)，使其含量分别为 0.02 wt%、0.04 wt%、0.06 wt%、0.08 wt% 和 0.1 wt%；在含有 Ag NP 的前驱液中添加不同浓度的 F68，使其最终浓度分别为 0.25 mg/mL、0.75 mg/mL、1 mg/mL、1.25 mg/mL、1.5 mg/mL、1.75 mg/mL 和 2 mg/mL。

(2) 配制 Spiro-OMeTAD 溶液。

将 72.3 mg Spiro-OMeTAD 溶解于 1mL 氯苯中，并向其中添加 28 μL 4-叔丁基吡啶、18 μL 双三氟甲烷磺酰亚胺锂(Li-TFSI)(溶解于乙腈中，浓度为 520 mg/mL)，以及 18 μL FK 102 Co(II) TFSI 盐(溶解于乙腈中，浓度为 300 mg/mL)。

(3) 制备 PPD。

使用柔性 ITO/PET 基板和透明 ITO 背电极，制备柔性半透明自驱动 PPD。以表面镀有一层 ITO 的 PET 柔性薄膜为导电衬底，将 C_{60} 粉末放在陶瓷舟皿中，利用热蒸发沉积系统将其蒸发在 PET 薄膜的导电面上，加热温度为 470 ℃，蒸发速率为 0.1 Å/s，通过膜厚检测将厚度控制在 8 nm。随后立即取出衬底开始旋涂钙钛矿前驱液，旋涂方法同第 2 章。将衬底移至充满干燥空气的手套箱中，旋涂提前备好的 Spiro-OMeTAD，旋涂步骤为 500 rad/s 的转速下旋涂 3 s，2000 rad/s 的转速下旋涂 40 s。热蒸发沉积 0.5 nm Ag(99.999%)，控制沉积速度为 0.05 Å/s。沉积 15 nm 氧化钼(MoO_x)，控制加热温度为 565 ℃，蒸发速率为 0.1 Å/s。以 ITO 为靶材，通过磁控溅射系统形成 ITO 电极，用掩模板控制探测器的有效面积为 0.07 cm^2。为了不破坏钙钛矿表面的同时提高附着度，磁控溅射系统使用渐进式功率，参数分别为 15 W(30 min)、17 W(30 min)和 20 W(60 min)。

整体器件结构为 PET/ITO/C_{60}/钙钛矿/Spiro-OMeTAD/超薄 Ag/MoO_x/ITO。ITO 顶电极覆盖下面各层，防止空气和湿气对各层的影响，进一步提高 PPD 稳定性，并消除金属触点与电荷传输材料之间反应的风险。结果表明，柔性半透明自驱动 PPD 表现出 0.145 A·W^{-1} 的响应度，上升时间和下降时间分别为 100 ms 和 153 ms，而且其还具有 300~800 nm 的宽带检测能力，以及 80% 的良好双面因子。

3.3 Ag NP 修饰的表面形貌及晶相分析

图 3-2(a)~(f)分别为不同 Ag NP 含量的钙钛矿薄膜的 SEM 表征图。可以看出，钙钛矿薄膜表面的晶粒均一，晶粒尺寸有几微米大小，其粗糙度低。由于 Pb(SCN)$_2$ 的使用，晶界处依然出现了过量的 PbI_2[11]。无 Ag NP 的钙钛矿薄膜，其晶粒很大，在 5 μm 左右；随着更多的 Ag NP 被引入，晶粒尺寸逐渐减小。这可能是因为 Ag NP 作为成核中心，其杂质特征降低了成核过程的吉布斯自由能，导致钙钛矿薄膜中出现更多的核和尺寸相对较小的晶粒[12]。如图 3-2(f)所示，0.1 wt% Ag NP 的钙钛矿薄膜，其晶粒尺寸仍超过 1 μm。图 3-3 为 Ag NP 含量为 0 wt% 和 0.1 wt% 的钙钛矿薄膜截面的 SEM 表征图，Ag NP 加入前后薄膜中均没有观察到水平晶界，这有助于电荷传输，且较大的晶粒长径比使得流态电荷能够从钙钛矿吸收层转移至两个侧功能电荷传输层。

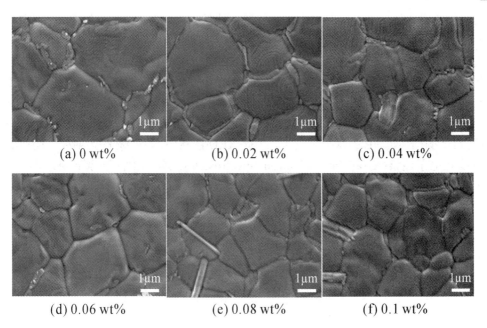

(a) 0 wt%　　　　(b) 0.02 wt%　　　　(c) 0.04 wt%

(d) 0.06 wt%　　　　(e) 0.08 wt%　　　　(f) 0.1 wt%

图 3-2　不同 Ag NP 含量的钙钛矿薄膜的 SEM 表征图

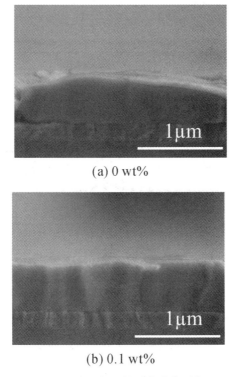

(a) 0 wt%

(b) 0.1 wt%

图 3-3　不同 Ag NP 含量的钙钛矿薄膜截面的 SEM 表征图

图 3-4(a)为不同 Ag NP 含量的钙钛矿薄膜的 XRD 图谱。其中,位于 14°和 28° 附近的峰分别对应(110)和(220)衍射峰,12.8°附近的峰对应 PbI_2 的峰。图 3-4(b) 为 XRD 图谱中(110)衍射峰的放大图,Ag NP 的掺入对峰位置的影响可忽略不计, 但峰强度却显著降低。如图 3-4(c)所示,(110)衍射峰的 FWHM 在 Ag NP 含量低 于 0.04 wt%时变化较小;但当 Ag NP 的含量大于 0.04wt%时,随着 Ag NP 含量 增加,FWHM 值急剧增加。这表明 Ag NP 的掺入使钙钛矿晶粒减小,导致结晶 度降低。由于 Ag NP 的掺杂量很小,因此 XRD 图谱中没有 Ag 的衍射峰。但在 X 射线光电子能谱(X-ray Photoelectron Spectroscopy, XPS)中能观察到 $Ag3d_{3/2}$ 和 $Ag3d_{5/2}$ 的能量峰,如图 3-4(d)所示,这证明了钙钛矿薄膜中存在 Ag NP。

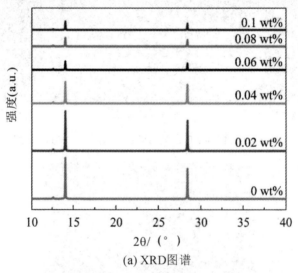

(a) XRD图谱

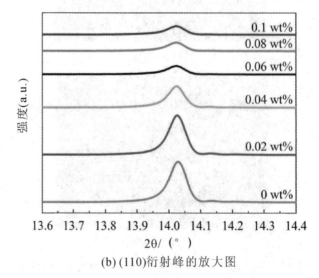

(b) (110)衍射峰的放大图

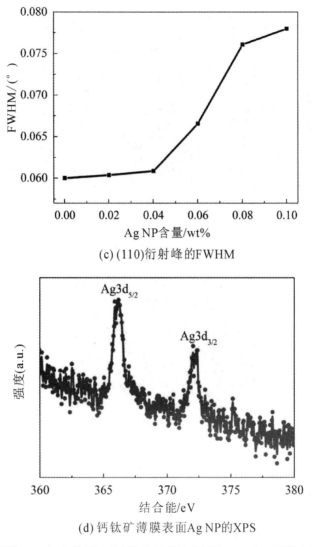

(c) (110)衍射峰的FWHM

(d) 钙钛矿薄膜表面Ag NP的XPS

图 3-4　不同 Ag NP 含量钙钛矿薄膜的结晶性表征及 Ag NP 在薄膜中的存在证明

3.4　Ag NP 调控的器件性能测试

以太阳光为激发光源进行性能测试(见图 3-5(a))。图 3-5(b)给出了光从电子传输层侧入射时的测试照片，底电极(导电 PET)与低电势探头接触，顶电极(ITO 透明电极)与高电势探头接触。光从空穴传输层侧入射时，测试方法同第 2 章，使用探针分别接触上、下电极。

(a) 整体

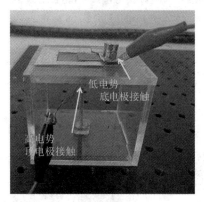

(b) 样品部分

图 3-5　性能测试照片

图 3-6(a)为器件的结构示意图以及其切面的 SEM 表征图，SEM 表征图展示了每层经过优化后的结果。

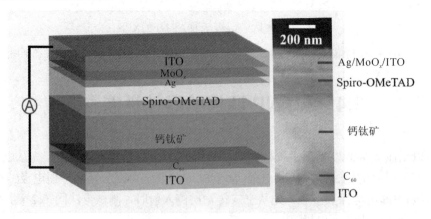

(a) 器件的结构示意图及其切面的SEM表征图

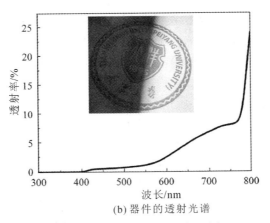

(b) 器件的透射光谱

图 3-6   器件结构及半透明特征表征

优化过程如图 3-7(a)～(d)所示，C_{60}、Ag 和 MoO_x 的最佳厚度分别为 8 nm、0.5 nm 和 15 nm。钙钛矿和 Spiro-OMeTAD 的厚度分别为 580 nm 和 170 nm，$Ag/MoO_x/ITO$ 顶电极的总厚度为 130 nm。该半透明 PPD 具有良好的红光透射率，透射光谱及实际器件如图 3-6(b)所示，该器件在 800 nm 处表现出较高的透射率。

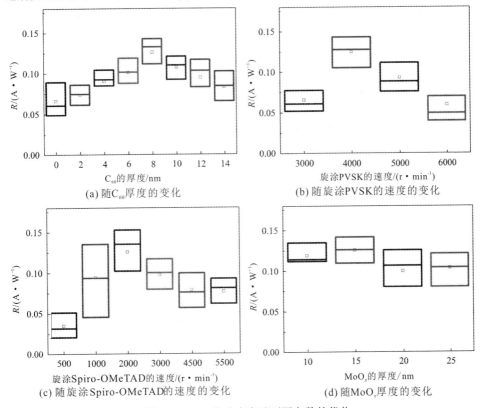

图 3-7   PPD 的响应度随不同参数的优化

图 3-8(a)为自驱动下(零偏压)，入射功率密度为 100 mW·cm^{-2}，光电探测器有效面积为 0.07 cm^{2}时，不同 Ag NP 含量的 PPD 的响应度。随着 Ag NP 的掺入，PPD 的响应度从初始值 0.125 A·W^{-1}逐渐增加，当 Ag NP 的含量为 0.04 wt%时，响应度达到最大值 0.145 A·W^{-1}。当 Ag NP 的含量超过 0.04wt%时，平均响应度降低。这可能是 Ag NP 周围载流子复合以及过多电荷积累引起的[13]。图 3-8(b)和(c)分别为亮、暗条件下有/没有 Ag NP 的 PPD 的电压-电流密度特性曲线，其偏置电压范围为 −0.2~+1.2 V。将 3-8(b)和(c)中的纵坐标数据用对数表示，如图 3-8(d)所示。与参考 PPD 相比，掺入 Ag NP 对暗电流密度没有影响，但显著提高了光电流密度。图 3-8(e)为 PPD 在电子传输层和空穴传输层侧照射下的电压-电流密度特性曲线，图 3-8(f)为图 3-8(e)的半对数表示，半透明 PPD 的双面因子高达 80%。图 3-8(g)和(h)为开/关间隔为 20 s 时随时间变化的光电流响应曲线，与参考 PPD 相比，掺入 Ag NP 后具有更高的光电流。含 Ag NP 的 PPD 的平均响应时间 t_{on} 和 t_{off} 分别为 100 ms 和 153 ms。

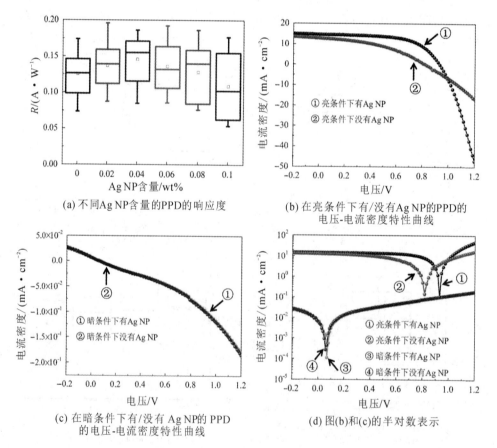

(a) 不同Ag NP含量的PPD的响应度

(b) 在亮条件下有/没有Ag NP的PPD的
电压-电流密度特性曲线

(c) 在暗条件下有/没有 Ag NP 的 PPD
的电压-电流密度特性曲线

(d) 图(b)和(c)的半对数表示

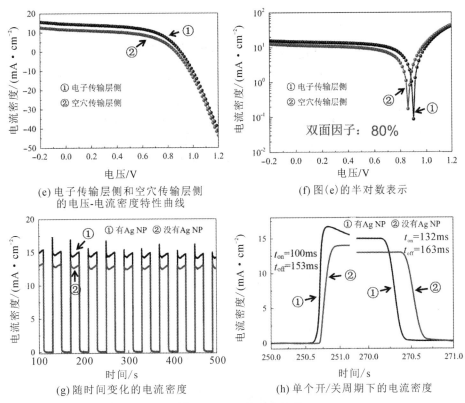

(e) 电子传输层侧和空穴传输层侧
的电压-电流密度特性曲线

(f) 图(e)的半对数表示

(g) 随时间变化的电流密度

(h) 单个开/关周期下的电流密度

图 3-8　PPD 的光电性能

表 3-1 为不同 Ag NP 含量的 PPD 的响应度 R 和比探测率 D^*。当 Ag NP 含量为 0.04wt% 时，PPD 的性能最佳，其响应度为 0.145 A·W^{-1}，比探测率为 9.73×10^{10} Jones。

表 3-1　不同 Ag NP 含量的 PPD 的性能

Ag NP含量	$R/(A \cdot W^{-1})$	D^*/Jones
0wt%	0.125	8.58×10^{10}
0.02wt%	0.137	9.20×10^{10}
0.04wt%	0.145	9.73×10^{10}
0.06wt%	0.135	9.05×10^{10}
0.08wt%	0.127	8.52×10^{10}
0.1wt%	0.108	7.64×10^{10}

3.5　Ag NP 的调控机理分析

为了阐明掺入 Ag NP 能增强 PPD 性能的原因，测试了不同 Ag NP 含量的钙钛矿薄膜的 PL 和 TRPL 光谱。如图 3-9(a)所示，随着 Ag NP 含量的增加，

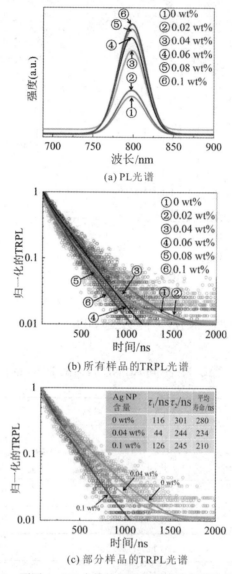

(a) PL光谱

(b) 所有样品的TRPL光谱

(c) 部分样品的TRPL光谱

图 3-9　不同 Ag NP 含量的钙钛矿薄膜的光致发光性能

PL 强度逐渐增加。在图 3-9(b)中，所有样品的 TRPL 光谱显示出相似的衰减特性。图 3-9(c)给出了 Ag NP 含量为 0 wt%、0.04 wt% 和 0.1 wt% 的三个样品的 TRPL 光谱。利用式(2-5)，对数据进行拟合，可获得界面复合因子 τ_1 和体复合因子 τ_2，再利用式(2-6)可计算平均寿命，其结果显示在表 3-2 中。与不含 Ag NP 相比，Ag NP 的掺入降低了载流子寿命。

表 3-2　不同 Ag NP 含量的钙钛矿薄膜的 PL 和 TRPL 结果

Ag NP含量	τ_1/ns	τ_2/ns	平均寿命/ns
0wt%	116	301	280
0.02wt%	72	308	274
0.04wt%	44	244	234
0.06wt%	41	235	231
0.08wt%	77	255	216
0.1wt%	126	245	210

通常，PL 强度越大，则 PL 猝灭越慢，载流子寿命越长，但上述结果却不符合此规律。接下来将从荧光发射的过程对上述结果做进一步解释。

荧光发射过程可分为两步：第一步，半导体吸收激发光到达激发态，产生电子-空穴对；第二步，半导体由激发态回到基态，这是电子-空穴复合发光的过程，复合速度受荧光辐射衰减速率及非辐射衰减速率影响[1, 14]。

第一步由荧光的激发效率 X 决定，激发效率与周围的电场强度有关，为

$$X = \frac{\left| \boldsymbol{E}(x_{\mathrm{d}}, \lambda_{\mathrm{ex}}) e_{\mathrm{xp}} \right|^2}{\left| \boldsymbol{E}_0 \right|^2} \tag{3-1}$$

其中，$\boldsymbol{E}(x_{\mathrm{d}}, \lambda_{\mathrm{ex}})$ 表示物质在固定波长激发下周围某一位置的电场强度，e_{xp} 表示发射方位，$\boldsymbol{E}_0$ 为自由空间的电场强度。

第二步中，荧光量子效率 Q^0 和荧光寿命 τ^0 可表示为[15-16]

$$Q^0 = T^0 \tau^0 \tag{3-2}$$

$$\tau^0 = \frac{1}{T^0 + \kappa_{\mathrm{nr}}} \tag{3-3}$$

其中，T^0 为辐射衰减速率，κ_{nr} 为非辐射衰减速率，上标 0 表示自由空间中的各量。由式(3-2)和式(3-3)可知，辐射衰减速率 T^0 的增加，提高了荧光量子效率，减小了荧光寿命，缩短了半导体处于激发态的时间。

　　自驱动的光电探测器无须外接电源，就可实现无功耗的光探测。图 3-10(a)为平面结构 PPD 的能级排列，入射光到达 ITO/玻璃基板底电极，从电子收集界面传输到钙钛矿吸收层，形成 n-i-p 结构。钙钛矿层产生电子-空穴对，被激发到钙钛矿导带的自由电子扩散到钙钛矿与 C_{60} 的界面，并注入 C_{60} 的导带中，电子从 C_{60} 层传输到达 ITO/玻璃基板，流经外电路到达 ITO 顶电极。在价带上产生的空穴扩散到钙钛矿/Spiro-OMeTAD 界面，并注入 Spiro-OMeTAD 的价带中，空穴经过 Spiro-OMeTAD 到达 ITO 顶电极，在此处与自由电子结合，完成一个自驱动回路。由等离激元共振的理论可知，Ag NP 吸收激发光，并在其附近产生强电磁场，同时纳米颗粒作为光散射中心，将激发光散射到周围环境中的各个方向，延长了光在钙钛矿中的传输路径，也使更多光被钙钛矿薄膜吸收。图 3-10(b)为没有/有 0.04 wt%Ag NP 时钙钛矿薄膜的吸收光谱，Ag NP 的存在使钙钛矿薄膜在 400~800 nm 的波长范围内的吸收强度增强，其示意图如图 3-10(c)所示。当钙钛矿附近存在 Ag NP 时，一方面 Ag NP 作为散射中心，延长光在钙钛矿中的光程；另一方面 Ag NP 的 LSPR 产生了增强的局域场，二者都有助于产生更多的电子-空穴对。实验中的 Ag NP 的平均直径为 33 nm，散射效应较小，主要是 LSPR 近场增强效应。图 3-9(d)为直径 20 nm 的 Ag NP 的吸收光谱和共振峰($\lambda = 355$ m)处的电场分布，图中电场增强效应显著。实际上，实验情况远优于模拟结果，其原因有两条：一是，实验中使用整个太阳光谱，无论 Ag NP 的大小如何，总会处于共振激发状态，换言之，每个 Ag NP 在太阳光照射下都处于最强的共振状态；二是，图 3-10(d)仅展示了偏振方向沿着图示方向的场增强效果，而实验中使用的太阳光为自然光，Ag NP 周围各个位置都有很强的局域场。在 Ag NP 掺杂的钙钛矿薄膜上，式(3-1)中 $E(x_d, \lambda_{ex})$ 项增大，荧光激发效率增大，产生更多电子-空穴对。

　　由于 Ag NP 的掺杂，半导体中量子效率和荧光寿命可表示为

$$Q^m = \frac{T^m}{T^m + \zeta_{abs}^m + \kappa_{nr}} \tag{3-4}$$

$$\tau^m = \frac{1}{T^m + \zeta_{abs}^m + \kappa_{nr}} \tag{3-5}$$

其中，T^m 为修饰后的辐射衰减速率，ζ_{abs}^m 为增加的非辐射衰减速率。随 Ag NP 与半导体距离逐渐增大，T^m 逐渐变为 T^0。当 Ag NP 和半导体逐渐靠近时，局域场增大，但是过近的距离也会造成半导体和 Ag NP 之间更多的非辐射能量转移，从而造成荧光猝灭，而将金属和半导体隔离出一段纳米尺度的距离，可有效避免荧光猝灭[17-18]。在图 3-10(e)的透射电子显微镜(Transmission Electron Microscope, TEM)表征图中，Ag NP 周围包覆了一层 PVP，阻止了这种荧光猝灭通道。这种 PVP 超薄壳层的存在还可以抑制由于 Ag NP 表面缺陷导致的电荷复合。但 Ag NP

嵌入也会导致更多的晶界，使薄膜质量降低，增加非辐射衰减，并引起更多更快的载流子复合，使量子效率减小。总荧光增强与激发效率以及量子效率的关系为

$$\psi_{enh} = X \frac{Q^m}{Q^0} \tag{3-6}$$

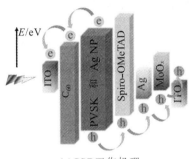

(a) PPD 工作机理

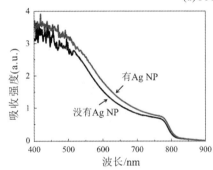

(b) 没有/有 Ag NP 时钙钛矿薄膜的吸收光谱

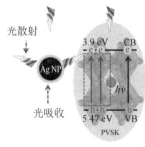

(c) Ag NP 增强钙钛矿薄膜光吸收的示意图

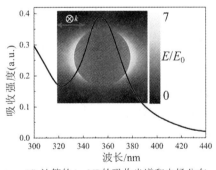

(d) 计算的 Ag NP 的吸收光谱和电场分布

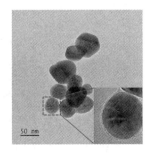

(e) Ag NP 的 TEM 表征(插图可见 PVP 壳层)

图 3-10　Ag NP 调控 PPD 性能分析

从上面的分析可知，Ag NP 对量子效率的修饰占次要地位。荧光强度，即参与传输的载流子，是由增加的光吸收和修饰后的量子效率共同决定的。电场增强，载流子浓度增加，但 Ag NP 影响了载流子传输。由式(2-3)和(2-8)可知，Ag NP 增

多，载流子迁移率减小，从而使传输距离减小，不利于更大的端电流输出。两者综合作用才使 0.04 wt%时器件性能最好。通常所说的 PL 和 TRPL 的关系是在吸收率不变的情况下，由式(3-2)主导的，寿命越长，量子效率越高，PL 越强。

上述各式中的量子效率指内量子效率。图 3-11(a)给出了不同 Ag NP 含量的 PPD 的外量子效率(EQE)，是各种因素的综合体现。随着 Ag NP 含量逐渐增加，EQE 先增加后减小，且在 Ag NP 含量为 0.04 wt%时达到最大值，这与图 3-8(a)中的响应度的变化趋势一致。

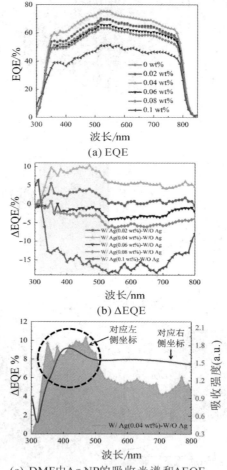

(a) EQE

(b) ΔEQE

(c) DMF中Ag NP的吸收光谱和ΔEQE

图 3-11　不同 Ag NP 含量的钙钛矿薄膜的 EQE 和 ΔEQE

图 3-11(b)给出了有 Ag NP(用 W/Ag 表示)和无 Ag NP(用 W/O Ag 表示)时 EQE 的差。图 3-11(c)为 ΔEQE(W/Ag(0.04 wt%)-W/O Ag)与浓度为 2 mg/mL 的 Ag NP 在 DMF 溶剂中的吸收光谱。ΔEQE 曲线上的凸起部分正好处于 Ag NP 的 LSPR 峰附近，随 Ag NP 含量增加，凸起呈现先增强后减弱的趋势，在 Ag NP 含量为

0.1 wt%时凸起基本消失。Ag NP 尺寸分布范围很广,在很宽的波长范围内都具有共振吸收,在 420 nm 处最强(虚线圆内)。该结果证明 Ag NP 的 LSPR 提升了器件性能。

钙钛矿薄膜的结晶度随 Ag NP 含量的增加逐渐下降。这是因为 Ag NP 的引入导致了众多晶界,从而导致更严重的复合,对 PPD 性能产生负面影响。随 Ag NP 含量增加,光吸收逐渐增强,对 PPD 性能产生正面影响。当正面效果远大于负面效果时,PPD 具有最高的光电流,0.04 wt%的 Ag NP 掺入量正是这个临界点。此时 Ag NP 的 LSPR 产生的光吸收增强表现最显著,如图 3-11(b)中最高的曲线。当 Ag NP 含量超过 0.04 wt%,负面影响增加并逐渐占据主导地位,当 Ag NP 含量为 0.1 wt%时,ΔEQE 减小最多,几乎很难观察到凸起部分,这可能是过多的 Ag NP 使结晶性变差,影响了光吸收效率导致的。

表 3-3 对比了所制备的 PPD 和目前报道的几种典型双面/柔性/自驱动 PPD 的性能参数。相比 $MAPbBr_3/MAPbI_xBr_{3-x}$ 核-壳异质结 PPD 和碳布/TiO_2/MAPbI$_3$/Spiro-OMeTAD/Au PPD,所制备的 PPD 具有更高的响应度。相比于各柔性 PPD,所制备的 PPD 具有更高的比探测率。相比于各双面 PPD,所制备的 PPD 具有较高的双面因子。相比于各自驱动 PPD,所制备的 PPD 具有更快的响应速度。

表 3-3　双面/柔性/自驱动 PPD 的性能参数对比

材料(器件结构)	λ/nm	柔性/自驱动	$R/$ (A · W^{-1})	双面因子	D^*/Jones	t_{on}/ms	t_{off}/ms
FTO/NiO$_x$/MAPbI$_3$/TiO$_2$/FTO[19]	红光	N/N	13.4	58%	6.23×10^{12}	120	<80
			1940	83%	1.77×10^{14}	50	30
FTO/Cs-FAMAPbIBr/(Cu/Cu$_2$O)/Au[20]	632	N/N	10.23	66%	3.0×10^{11}	—	—
ITO/PEIE/PC61BM/PMDPP3T/PEDOT:PSS[21]	850	N/N	0.37	95%	1.23×10^{13}	—	—
PET/Au/MAPbI$_3$/PDPP3T[22]	835	Y/N	0.154	—	8.8×10^{10}	30	150
ITO/MAPbI$_3$/ITO[23]	365	Y/N	3.49	—	2.39×10^{10}	200	200
ZnO 纳米棒/MAPbI$_3$ NP 异质结[24]	500	N/Y	24.3	—	3.56×10^{14}	<700	<600
MAPbBr$_3$/MAPbI$_x$Br$_{3-x}$ 核-壳异质结[25]	450	N/Y	0.0115	—	—	2300	2760
MAPbI$_3$/GaN 异质结[26]	500	N/Y	0.198	—	7.96×10^{12}	450	630
碳布/TiO$_2$/MAPbI$_3$/Spiro-OMeTAD/Au[27]	550	Y/Y	0.0169	—	1.10×10^{10}	<200	<200
PET/ITO/C$_{60}$/MA$_{0.4}$FA$_{0.6}$PbI$_3$/Spiro-OMeTAD/ITO	太阳	Y/Y	0.145	80%	9.73×10^{10}	100	153

3.6　F68 对器件性能的影响

加入 Ag NP 后的柔性半透明 PPD,其响应度和响应时间都有所改善,但由于长期暴露于湿气下，其操作稳定性会受到影响，从而阻碍 PPD 的发展。这是因为钙钛矿薄膜在高湿度环境下会分解为 PbI_2 和有机物，导致光电性能快速下降。本章利用两亲性嵌段共聚物 F68 对界面/晶粒边界钝化，提高了钙钛矿薄膜的耐湿性。图 3-12 给出了 F68 的结构式及其对钙钛矿薄膜的保护作用示意图。F68 包含一个疏水端和一个亲水端，是具有聚乙烯-聚丙二醇结构的聚合物，通常在生物技术中用作稳定剂或表面活性剂[28]。期望它的亲水端与钙钛矿相连，而疏水端露在外面防止水分子对钙钛矿表面的侵害。钙钛矿表面与 F68 的结合是通过减少带电陷阱态来钝化在晶界出现的缺陷的[29]。将不同量的 F68 引入含 0.04 wt% Ag NP 的钙钛矿薄膜中，以钝化界面并提高耐湿性。

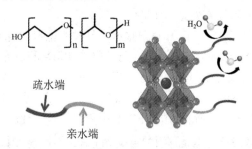

图 3-12 F68 的结构式及其对钙钛矿薄膜的保护作用示意图

图 3-13(a)所示为不同 F68 浓度(0~2 mg/mL)的钙钛矿薄膜的透射光谱。可以看出，随着 F68 浓度的改变，钙钛矿薄膜的透射光谱变化很小，这表明带隙和吸收特性并没有改变。图 3-13(b)为响应度随 F68 浓度的变化关系，当 F68 浓度小于 1.25 mg/mL 时，响应度几乎不变；但随 F68 的浓度进一步增加，响应度逐渐降低。提高湿度稳定性的前提是保持高响应度不变，下面分析 F68 的浓度分别为 0 mg/mL、1.25 mg/mL 和 2 mg/mL 时的情况。

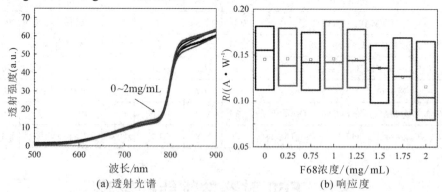

(a) 透射光谱　　　　　　　　(b) 响应度

图 3-13 不同 F68 浓度的钙钛矿薄膜的光学和光电性能

图 3-14(a)给出了不同 F68 浓度的钙钛矿薄膜的 XRD 图谱，图 3-14(b)为放大

的(110)衍射峰，图 3-14(c)为相应的峰强度和 FWHM。掺入 F68 没有改变峰的位置，这表明大分子 F68 未渗透到钙钛矿晶体晶格中，但 FWHM 在 F68 浓度为 1.25 mg/mL 时略有增加，在 F68 浓度为 2 mg/mL 时呈显著变化。这是由于引入 F68 后，钙钛矿晶体尺寸相对变小所致。在钙钛矿前驱液中引入的 F68 在晶粒生长过程中充当杂质，导致大量核形成并使晶粒尺寸减小。图 3-14(d)为不含/含 F68 的钙钛矿薄膜的水接触角。可以看出，0 mg/mL F68 的钙钛矿薄膜的水接触角为 45°，1.25 mg/mL F68 的钙钛矿薄膜的水接触角为 58°。这说明 F68 覆盖层对耐湿性有积极影响，较高的水接触角可增加钙钛矿薄膜表面的疏水性，有利于提高器件的耐湿性。

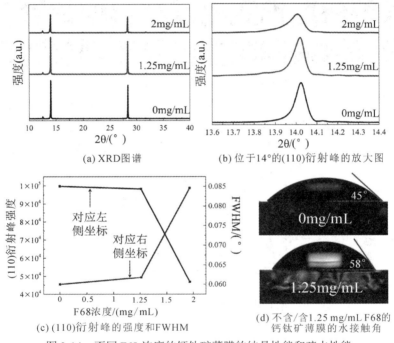

(a) XRD图谱

(b) 位于14°的(110)衍射峰的放大图

(c) (110)衍射峰的强度和FWHM

(d) 不含/含 1.25 mg/mL F68的钙钛矿薄膜的水接触角

图 3-14　不同 F68 浓度的钙钛矿薄膜的结晶性能和疏水性能

图 3-15 为不同 F68 浓度的钙钛矿薄膜的 SEM 表征图。可以看出，较高浓度的 F68 会导致钙钛矿薄膜晶粒尺寸变小，且 F68 的存在使钙钛矿薄膜表面具有明显涂层。

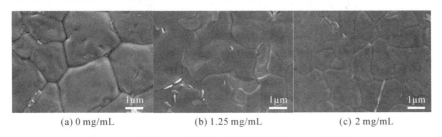

(a) 0 mg/mL

(b) 1.25 mg/mL

(c) 2 mg/mL

图 3-15　不同 F68 浓度的钙钛矿薄膜的 SEM 表征图

3.7 F68 修饰的器件稳定性测试

图 3-16 为含/不含 1.25 mg/mL F68 的钙钛矿薄膜置于高湿度(湿度为 82%，温度为 37℃)环境下 14 天的样品表面变化过程。不管是否有 F68，随着时间的推移，薄膜均出现分解变黄现象。但加入 F68 的样品，这种变化相对较慢。

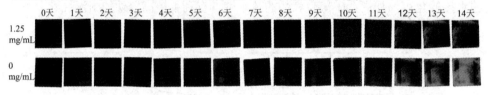

图 3-16　高湿度下暴露的含/不含 F68 的钙钛矿薄膜的稳定性测试

图 3-17(a)和(b)分别为不含、含 F68 的钙钛矿薄膜在 14 天内的透射光谱变化情况。可以看出，不含 F68 的钙钛矿薄膜的透射率显著增加，含 1.25 mg/mL F68 的钙钛矿薄膜的透射率在 14 天中变化缓慢，这表明 F68 提高了钙钛矿薄膜的湿度稳定性。

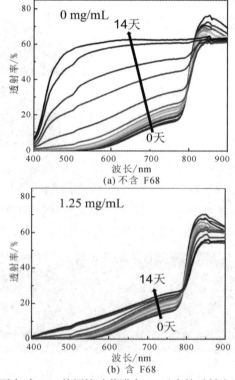

图 3-17　不含/含 F68 的钙钛矿薄膜在 14 天内的透射光谱变化情况

图 3-18(a)和(b)分别为不含、含 F68 的样品在上述环境中放置 7 天后的 SEM 表征图。可以看出，不含 F68 的薄膜，晶粒尺寸明显缩小，相邻晶粒边缘间距大；含 F68 的薄膜仅出现一些小针孔。

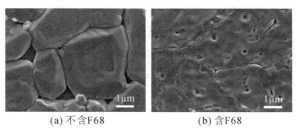

(a) 不含F68　　　　　　(b) 含F68

图 3-18　高湿度环境下放置 7 天后的钙钛矿薄膜 SEM 表征图

图 3-19(a)为不含/含 F68 的柔性半透明 PPD 的响应度随时间的变化情况。不含 F68 的 PPD 于 7 天内，其响应度由 $0.145\,A\cdot W^{-1}$ 迅速降低到 $0.07\,A\cdot W^{-1}$；经 F68 钝化后，PPD 的响应度从 $0.145\,A\cdot W^{-1}$ 降低到 $0.115\,A\cdot W^{-1}$。F68 的引入对钙钛矿薄膜的湿度稳定性有积极影响，为提高柔性半透明 PPD 的整体性能提供了新的策略。与金属电极相比，ITO 电极不存在与下面材料相互作用的风险，这进一步提高了整个器件的长程稳定性。图 3-19(b)为柔性半透明 PPD 的弯曲疲劳度测试，弯曲半径为 5 mm，其中的插图为柔性装置示意图。240 个弯曲周期后，柔性半透明 PPD 的响应度还可保持为初始响应度的近 80%，这表明柔性半透明 PPD 具有良好的弯曲耐久性，此处性能下降归因于顶部和底部 ITO 电极的表面电阻增加。

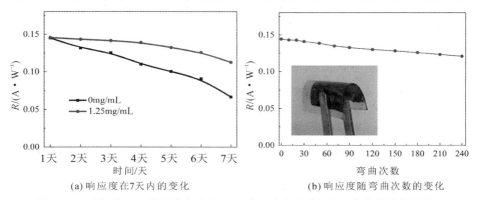

(a) 响应度在7天内的变化　　　　　　(b) 响应度随弯曲次数的变化

图 3-19　不含/含 F68 的柔性半透明 PPD 的响应度随时间和弯曲次数的变化情况

3.8　本 章 小 结

基于第 2 章响应能力最好的钙钛矿薄膜，本章进一步探究器件制备工艺和性能调控方法。本章制备了柔性半透明自驱动钙钛矿光电探测器，该器件具有 80% 的高双面因子以及大于 800 nm 波长的良好透光率。通过掺杂 Ag NP 和 F68 聚合物改善了 PPD 的光响应能力和湿度稳定性。Ag NP 通过 LSPR 效应产生了更多载流子，改善了钙钛矿光电探测器的响应度，在没有外部电压驱动的情况下，可实现 $0.145\ A \cdot W^{-1}$ 的响应度。表面活性剂 F68 通过钝化表面和晶界改善钙钛矿薄膜的疏水性，提高了湿度稳定性。在高湿度下暴露 7 天后，器件的响应度还可保持为初始响应度的近 80%。这种双面、低驱动电压下的高响应能力使本章结果在器件结构和性能上都优于第 2 章。

本章参考文献

[1] SCHULLER J A, BARNARD E S, CAI W, et al. Plasmonics for extreme light concentration and manipulation[J]. Nature Materials, 2010, 9(3): 193-204.

[2] HUANG J A, LUO L B. Low-dimensional plasmonic photodetectors: recent progress and future opportunities[J]. Advanced Optical Materials, 2018, 6(8): 1701282.

[3] SUN Z, AIGOUY L, CHEN Z. Plasmonic-enhanced perovskite-graphene hybrid photodetectors[J]. Nanoscale, 2016, 8(14): 7377-7383.

[4] FANG Z, LIU Z, WANG Y, et al. Graphene-antenna sandwich photodetector[J]. Nano Letters, 2012, 12(7): 3808-3813.

[5] CHEN X, GU M. Hole blocking layer-free perovskite solar cells with high efficiencies and stabilities by integrating subwavelength-sized plasmonic alloy nanoparticles[J]. ACS Applied Energy Materials, 2019, 2(3): 2094-2103.

[6] CHEN X, FANG J, ZHANG X, et al. Optical/electrical integrated design of core-shell aluminum-based plasmonic nanostructures for record-breaking efficiency enhancements in photovoltaic devices[J]. ACS Photonics, 2017, 4(9): 2102-2110.

[7] LI X, TSCHUMI M, HAN H, et al. Outdoor performance and stability under elevated temperatures and long-term light soaking of triple-layer mesoporous perovskite photovoltaics[J]. Energy Technology, 2015, 3(6): 551-555.

[8] RONG Y, LIU L, MEI A, et al. Beyond efficiency: the challenge of stability in mesoscopic perovskite solar cells[J]. Advanced Energy Materials, 2015, 5(20): 1501066.

[9] QIN K, DONG B, WANG S. Improving the stability of metal halide perovskite

solar cells from material to structure[J]. Journal of Energy Chemistry, 2019, 33: 90-99.

[10] TAI E G, WANG R T, CHEN J Y, et al. A water-stable organic-inorganic hybrid perovskite for solar cells by inorganic passivation[J]. Crystals, 2019, 9(2): 83.

[11] WANG C, ZHAO D, YU Y, et al. Compositional and morphological engineering of mixed cation perovskite films for highly efficient planar and flexible solar cells with reduced hysteresis[J]. Nano Energy, 2017, 35: 223-232.

[12] YU J C, BADGUJAR S, JUNG E D, et al. Highly efficient and stable inverted perovskite solar cell obtained via treatment by semiconducting chemical additive[J]. Advanced Materials, 2019, 31(6): 1805554.

[13] WU B, FU K, YANTARA N, et al. Charge accumulation and hysteresis in perovskite-based solar cells: An electro-optical analysis[J]. Advanced Energy Materials, 2015, 5(19): 1500829.

[14] NOVOTNY L, VAN HULST N. Antennas for light[J]. Nature Photonics, 2011, 5(2): 83-90.

[15] VUKOVIC S, CORNI S, MENNUCCI B. Fluorescence enhancement of chromophores close to metal nanoparticles. Optimal setup revealed by the polarizable continuum model[J]. Journal of Physical Chemistry C, 2009, 113(1): 121-133.

[16] DARVILL D, CENTENO A, XIE F. Plasmonic fluorescence enhancement by metal nanostructures: shaping the future of bionanotechnology[J]. Physical Chemistry Chemical Physics, 2013, 15(38): 15709-15726.

[17] XU L, QIANG Y, XIAO K, et al. Surface plasmon enhanced luminescence from organic-inorganic hybrid perovskites[J]. Applied Physics Letters, 2017, 110(23): 233113.

[18] 魏勇. 几种典型纳米结构的表面增强拉曼与荧光过程的理论研究[D]. 秦皇岛: 燕山大学理学院, 2019.

[19] POPOOLA A, GONDAL M A, POPOOLA I K, et al. Fabrication of bifacial sandwiched heterojunction photoconductor-Type and MAI passivated photodiode-Type perovskite photodetectors[J]. Organic Electronics, 2020, 84: 105730.

[20] CHEN Y J, LI M H, LIU J Y, et al. Double-side operable perovskite photodetector using Cu/Cu$_2$O as a hole transport layer[J]. Optics Express, 2019, 27(18): 24900-24913.

[21] XIONG S, TONG J, MAO L, et al. Double-side responsive polymer

near-infrared photodetectors with transfer-printed electrode[J]. Journal of Materials Chemistry C, 2016, 4(7): 1414-1419.

[22] CHEN S, TENG C, ZHANG M, et al. A flexible UV-Vis-NIR photodetector based on a perovskite/conjugated-polymer composite[J]. Advanced Materials, 2016, 28(28): 5969-5974.

[23] HU X, ZHANG X, LIANG L, et al. High-performance flexible broadband photodetector based on organolead halide perovskite[J]. Advanced Functional Materials, 2014, 24(46): 7373-7380.

[24] YU J, CHEN X, WANG Y, et al. A high-performance self-powered broadband photodetector based on a $CH_3NH_3PbI_3$ perovskite/ZnO nanorod array heterostructure[J]. Journal of Materials Chemistry C, 2016, 4(30): 7302-7308.

[25] CAO M, TIAN J, Cai Z, et al. Perovskite heterojunction based on $CH_3NH_3PbBr_3$ single crystal for high-sensitive self-powered photodetector[J]. 2016, 109(23): 233303.

[26] ZHOU H, MEI J, XUE M, et al. High-stability, self-powered perovskite photodetector based on a $CH_3NH_3PbI_3$/GaN heterojunction with C_{60} as an electron transport layer[J]. Journal of Physical Chemistry C, 2017, 121(39): 21541-21545.

[27] SUN H, LEI T, TIAN W, et al. Self-powered, flexible, and solution-processable perovskite photodetector based on low-cost carbon cloth[J]. Small, 2017, 13(28): 1701042.

[28] HYMES A C, SAFAVIAN M, GUNTHER T, et al. The influence of an industrial surfactant Pluronic F68, in the treatment of hemorrhagic shock[J]. Journal of Surgical Research, 1971, 11(4): 191-197.

[29] KIM M, MOTTI S G, SORRENTINO R, et al. Enhanced solar cell stability by hygroscopic polymer passivation of metal halide perovskite thin film[J]. Energy Environmental Science, 2018, 11(9): 2609-2619.

[30] WANG C, SONG Z, ZHAO D, et al. Improving performance and stability of planar perovskite solar cells through grain boundary passivation with block copolymers[J]. Solar RRL, 2019, 3(9): 1900078.

[31] BI S, LENG X, LI Y, et al. Interfacial modification in organic and perovskite solar cells[J]. Advanced Materials, 2019, 31(45): 1805708.

[32] ZHANG M D, LU Q N, WANG C L, et al. High-performance and stability bifacial flexible self-powered perovskite photodetector by surface plasmon resonance and hydrophobic treatments. Organic Electronics, 2021, 99: 106330.

第 4 章 超表面对钙钛矿光电探测器探测波长的调控

基于第 3 章 Ag NP 和 F68 的最佳掺入量的 $MA_{0.4}FA_{0.6}PbI_3$ 薄膜，本章结合超表面调控 PPD 的可探测波长。本章主要研究了基于 LSPR 超表面的电磁调控机理；设计了多种具有优异滤波功能的超表面，加工了银圆盘阵列超表面结构，测试了 LSPR，其结果与理论模拟分析基本一致；制备了基于银岛膜超表面的窄带 PPD，并进行了探测实验，实验结果表明，所制备的 PPD 可实现中心波长为 470 nm、FWHM 为 145 nm 的窄带探测。本章结果为实现窄带 PPD 提供了一种新思路，具有理论和实验指导价值。

4.1 引　言

近年来，表面等离激元在各个领域显示出优越性。一方面，LSPR 耦合产生的强局域场，以及作为光学天线增强的散射不仅可用于放大拉曼散射[1]、荧光[2]、圆二色性信号[3]，还可用于增强半导体材料的光捕获，提高其性能[4]；另一方面，基于等离激元可设计滤波器。与高分子材料制成的滤波器相比，等离激元滤波器体积小、轻质、光谱可调性高，极易与各种光电器件集成。借助于钙钛矿溶液合成优势，将等离激元滤波器与有机-无机杂化钙钛矿薄膜集成是实现窄带功能 PPD 的有效方法之一。

目前已报道的基于等离激元的纳米结构滤波器分为两类：一类为具有特定波长过滤功能的滤波器，如金属膜或亚波长狭缝这种基于衍射的滤波器[5-6]、金属-绝缘体-金属波导结构的 Mach-Zehnder 干涉和多模干涉滤波器[7-8]；另一类为偏振滤波器。Gansel[9]证明了金螺旋纳米材料可实现宽频带和高消光率的宽带圆偏振器。手性纳米材料也可实现圆偏振滤波器。Yang[10-11]提出的双螺旋纳米线和单/

双螺旋超材料都具有较宽的响应带宽。Yu[12]提出的异质结构双螺旋超材料可以实现更高的消光比。这些优良的特性都是通过数值模拟来实现的。基于激光直写制备螺旋结构时，由于衍射极限的限制，这些结构的制备具有一定难度。基于扭曲金属结构的宽带圆偏振器引起了研究人员的注意，因为这类结构很容易通过传统的纳米制备工艺制备。Zhao[13]通过改变各向异性非手性表面的取向实现了可见光宽带圆偏振器，但是这种方法仅在层间距大于 80 nm 的结构上才有望实现圆偏振滤波[14-15]。Yun[16]报道的简单的螺旋叠层铝纳米光栅形成的圆偏振器可同时实现宽带(在整个可见光和近红外频率有效)和高消光比。由于贵金属在共振波长处存在热损耗，基于金和银等金属的堆积结构很难在共振波长上实现较宽的带宽和高消光比，相关结构也鲜有报道。

　　金属纳米结构对特定激发光具有不同响应，设计纳米材料超表面可实现多种功能[17-18]。金属纳米结构的表面等离激元共振特性取决于激发光偏振特性、纳米结构大小、形状。在多聚体上，等离激元耦合可进一步调节其光学性质，耦合结果对单个纳米粒子的大小和两个纳米粒子间距，以及排列方式非常敏感。这使得基于表面等离激元共振调控的滤波效应可调性更高[19-20]。目前，基于超表面窄带阻挡的 PPD 的相关报道较少。本章利用有限元分析法，基于等离激元杂化模型，探究激发光与纳米结构中电偶极子、磁偶极子相互作用规律；设计了宽带圆偏振/窄带圆偏振/多带带阻滤波器；制备了银岛膜和银圆盘阵列，测试了吸收、反射和透射光谱并对模拟结果进行验证。本章还在第 3 章性能最佳的钙钛矿薄膜上结合银岛膜，探究横向器件结构中超表面与钙钛矿薄膜结合的实验方法和波长分辨的光电探测效果，为实现基于超表面的波长分辨 PPD 提供理论和实验指导。

4.2　纳米结构超表面的光谱调控机制

4.2.1　有限元模拟设置

　　三维有限元法是设计超表面的常用方法，它是一种在离散化的空间网格上求解麦克斯韦方程组的方法。为满足 COMSOL 稳定性准则(收敛性)，最小网格尺寸为超表面最小厚度的 1/10。计算模型的整体组成如下：首先对单元建模，然后在介质层外设置两组平行连续的边界条件。在入射口和出射口采用完美匹配层 (Perfect Matched Layer, PML)技术，保证入射波被完全吸收而不发生反射。假定所有结构都被浸没在空气中($n = 1$，n 表示折射率)。因为银的耗散能力相对金较弱，所以模拟中使用的材料是银，介电常数由实验测得[21]。激发光有线偏振光、左旋圆偏振光(Left-handed Circular Polarized Light, LCP)和右旋圆偏振光(Right-handed Circular Polarized Light, RCP)，均沿超表面正入射(相当于结构图中 z 轴的负方向)。透射值定义为输出功率 P_{out} 与入射功率 P_{in} 之比，即 $T = P_{out}/P_{in}$。散射值定义为返回入射端口的光功率 P_{sca} 与入射功率 P_{in} 之比，即 $R = P_{sca}/P_{in}$。周期是无限的，故认为反射光的功率等于散射光的功率。

4.2.2　BSRRN 中电偶极与激发光的相互作用机理

1. BSRRN 多聚体结构

图 4-1 为双层劈裂环-棒纳米结构(Bi-layer Split Ring-Rods Nanostructure, BSRRN)的模型图及相应参数定义。图 4-1(a)为 BSRRN 阵列的结构示意图，其中 a_x 和 a_y 分别为 BSRRN 在 x 和 y 方向上的周期，均设为 350 nm。两层间介电层的材料为二氧化硅，折射率 $n = 1.45$，厚度 $D = 20$ nm，上层纳米棒和下层劈裂环的厚度均为 H。图 4-1(b)为上层的四根纳米棒，o 为圆心，r_1 和 r_1' 分别为扇形纳米棒的外半径和内半径，θ_1 为中心角。图 4-1(c)为下层的劈裂环，r_2 和 r_2' 分别为环的外半径和内半径，θ_2 为截角。图 4-1(d)为上下层正对时，即 $\theta = 0°$ 时 BSRRN 的结构图，图 4-1(e)为 $\theta = 40°$ 时 BSRRN 的结构图。

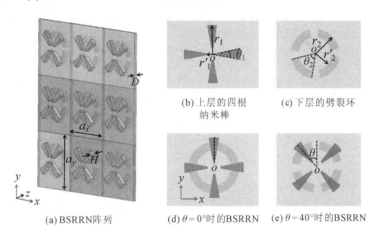

(b) 上层的四根纳米棒

(c) 下层的劈裂环

(a) BSRRN 阵列

(d) $\theta = 0°$ 时的 BSRRN　(e) $\theta = 40°$ 时的 BSRRN

图 4-1　BSRRN 模型及参数定义

2. BSRRN 中相对位置对等离激元杂化的影响

图 4-2 为上层从 $\theta = 0°$ 的位置逆时针旋转到 $\theta = 90°$ 的位置时的透射光谱，其横坐标为波长，纵坐标为透射率，透射强度与透射率呈正比。透射光谱图中右下角的插图为结构示意图，其中，$r_1 = 140$ nm，$r_1' = 30$ nm，$r_2 = 120$ nm，$r_2' = 80$ nm，$H = 30$ nm。

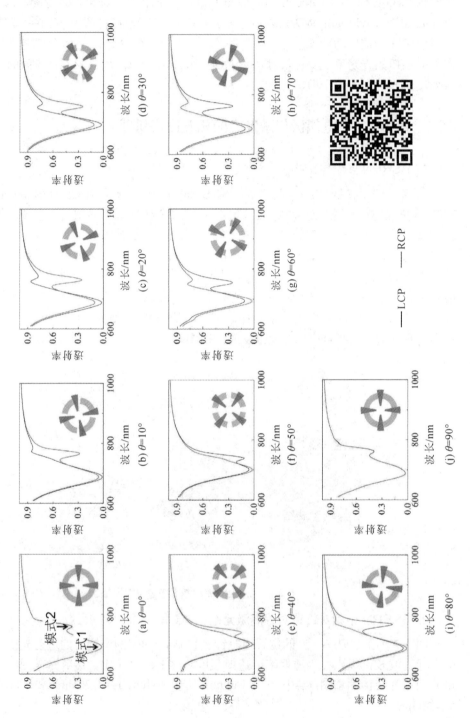

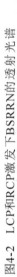

图4-2 LCP和RCP激发下BSRRN的透射光谱

如图 4-2(a)所示，当 $\theta = 0°$ 时，结构是对称的，BSRRN 对 LCP 和 RCP 的响应完全一致；波长 690 nm 和 760 nm 处有两个明显的共振谷，分别标记为模式 1 和模式 2。如图 4-2(b)所示，当 $\theta = 10°$ 时，对称性破坏，结构对两种激发光的响应出现不同；波长 690 nm 处，LCP 的透射强度大于 RCP，波长 760 nm 处，RCP 的透射强度大于 LCP，对 RCP 的响应由波谷变为波峰。如图 4-2(c)所示，当 $\theta = 20°$ 时，由于不对称性增加，透射强度的差异变大。如图 4-2(d)、(e)所示，当 $\theta = 30°$ 和 40° 时，透射强度的差异逐渐减小；当 $\theta = 40°$ 时，BSRRN 对 RCP 的响应峰消失。值得注意的是，当 θ 从 40° 增加到 50° 时，结构从左手结构变化到右手结构，RCP 的透射强度在波长 690 nm 处大于 LCP，在 760 nm 处小于 LCP，如图 4-2(f) 所示。随 θ 继续增大，对称性的变化开始重复前一个阶段的变化，当 $\theta = 90°$ 时，再次变为对称结构。引入手性概念，手性是指物质与其镜像结构不重合的性质，像左手和右手一样。通常，手性物质对 LCP 和 RCP 具有不同的响应，吸收光谱或者透射光谱的差即手性光谱，又称为圆二色谱(Circular Dichroism, CD)[22-23]。手性概念的引入可以量化超表面对 LCP 和 RCP 的不同响应。

为理解表面等离激元共振对激发光偏振特性和对称性的依赖性，图 4-3 和图 4-4 绘制了 θ 分别为 0°、20°、40°、50° 和 70° 时的电荷分布和电场分布。在图 4-3 的电荷分布情况中，每个扇形和棒状纳米结构上的电荷振荡可视为偶极子振荡。在图 4-4 中，电场主要分布在扇形杆的四角，耦合场主要分布在中心间隙。劈裂环中的 1/4 环可近似为具有两种模式(横向等离激元共振和纵向共振)的纳米棒，相应的耦合场分布在两个 1/4 环之间的间隙或环的中心。为便于分析，把同一层的振荡等效为一个偶极子的振荡[24-25]。图 4-3 中的虚线表示上、下层的等效电荷振动，实线分别为它们对应的等效偶极子。

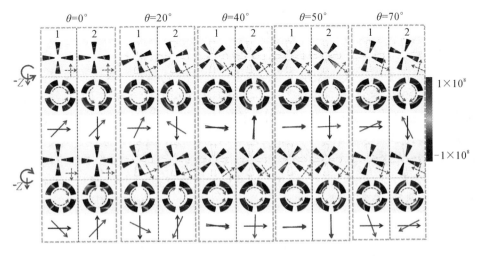

图 4-3　不同 θ 时，在 LCP 和 RCP 激发下 BSRRN 的电荷分布

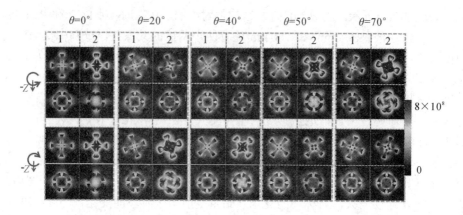

图 4-4 不同 θ 时，在 LCP 和 RCP 激发下 BSRRN 的电场分布

两个偶极子产生的共振能与单个偶极矩的值以及两个偶极子间的夹角有关，不同参数导致不同的相互作用能[26]。例如，典型的金属-绝缘体-金属(Metal Insulator Metal, MIM)结构，其绑定模式(两个偶极子之间 180°)的共振能总是比反绑定模式 (两个偶极子之间 0°)的共振能弱[27-28]。当 θ = 0°时，两种激励模式下的电场分布完全相同。在 LCP 和 RCP 两种激励下，模式 1 均表现为两个偶极子同向共振的反绑定模式，且两个偶极子的夹角相同。在 LCP 激励下，模式 2 表现为两个偶极子异相共振的绑定模式；在 RCP 激励下，模式 2 表现为反绑定模式，且角度互补。当 θ = 20°时，在两种激发光下可观察到较大的电场差。在 RCP 激励下，模式 1 在劈裂点处存在较强的耦合场，模式 2 的上层电场差较大，中心存在较强的耦合场。LCP 和 RCP 激发下都存在不同角度的相同模式(模式 1 为反绑定模式，模式 2 为绑定模式)。当 θ = 40°时，两种激发模式下，模式 1 的电场分布差别很小，都表现出反绑定模式，且角度相同。LCP 激发下，上部纳米棒的电荷聚集明显高于 RCP 激发下的电荷聚集，影响有效电偶极矩和共振能形成。在 RCP 激发下，模式 2 上层的耦合场较强，下层的耦合场由于在 1/4 环上存在横模而出现在劈裂环的中心，LCP 激励下为反绑定模式，RCP 激励下为绑定模式。与 θ = 40° 相比，当 θ = 50°时，两种激发光下的电场分布特征完全相反。两种激发光下，模式 1 都表现为反绑定模式。但在 RCP 激发下，上部纳米棒的共振比 LCP 激发下的弱，模式 2 在 RCP 激发下为反绑定模式，而在 LCP 激发下为绑定模式。θ = 70°对应图 4-2(h)，RCP 下的透射强度大于 LCP。RCP 激发下，模式 1 的下层具有较强的电场分布，LCP 激发下，模式 2 的两层均具有较强的电场分布。两种激发光下，模式 1 均为反绑定模式，模式 2 均为绑定模式，但角度不同，由此产生的相互作用能也不同。

耦合能决定了透射强度。图 4-5(a)为 θ = 20°时 BSRRN 的透射光谱和反射光谱。可以看出，LCP 和 RCP 下的反射光谱基本相同，而透射光谱的不同响应主要来自不同的吸收强度。图 4-5(b) 为 LCP 和 RCP 激发下，BSRRN 的吸收光谱和电偶极功率，在总能量差较大的地方出现了较大的吸收差异，这说明由耦合产生的电场能量被 BSRRN 以热损失方式吸收，剩余部分贡献于透射光谱，且不同的耦合电场能量产生不同的透射值。

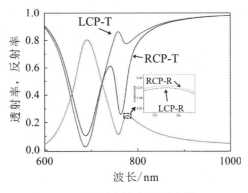

(a) 透射光谱和反射光谱

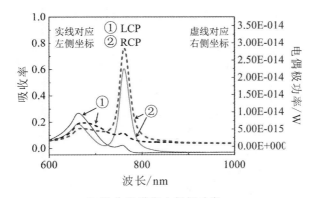

(b) 吸收光谱和电偶极功率

图 4-5　BSRRN 的光谱特性($\theta = 20°$)

3. BSRRN 的尺寸对等离激元杂化的影响

纳米结构对 LCP 和 RCP 的不同响应使其可应用于圆偏振滤光片，即纳米结构可以完全阻挡一种偏振的激发光，而对另一种偏振的激发光具有一定的透射率。等离激元共振对纳米结构尺寸的依赖性使得基于它的光学效应都具有可调性[29-30]。图 4-6(a) 为 $r_2 = 120\,\text{nm}$、$r_2' = 80\,\text{nm}$、$r_1 = 140\,\text{nm}$ 及不同 H 时的透射光谱，当 H 增加到 70 nm 时，两种模式同时出现圆偏振滤波效应。模式 1 中纳米结构阻断 LCP 的通过($T_{\text{LCP}} = 0.04$)，对 RCP 有一定的透射率($T_{\text{RCP}} = 0.26$)；模式 2 上变化更明显，随 H 增加，RCP 激发下透射率逐渐减小，于 $H = 70\,\text{nm}$ 处达到最小值，纳米结构阻止 RCP 的通过($T_{\text{RCP}} = 0.04$)，对 LCP 具有一定的透射率($T_{\text{LCP}} = 0.48$)。

该变化是由单个纳米结构上与厚度相关的电荷共振以及由此产生的相互耦合能量差异引起的。随厚度增加，两种模式都蓝移，这是因为共振距离恒定时电荷量的增加会导致共振能量的增加。图 4-6(b)为 $H = 70$ nm 及不同 r_2、r_2' 和 r_1 时的透射光谱。当 r_1 减小到 100 nm 时，光谱形状发生变化(与图 4-6(a)中③对应的线相比)：两个模式都较窄，模式 1 蓝移，模式 2 位置基本不变。这种结构仍具有滤波效果，波形具有一定的可调性。随参数增加，两个波长位置红移，这是由于感应正负电荷之间的距离增加而引起的共振能量减少导致的。

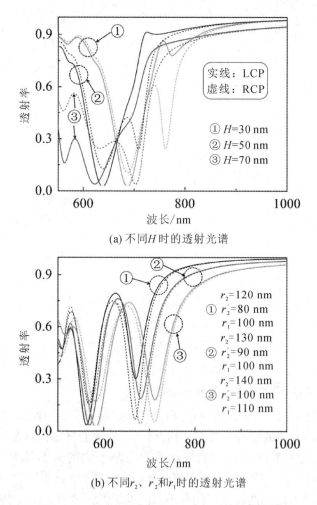

(a) 不同 H 时的透射光谱

(b) 不同 r_2、r_2' 和 r_1 时的透射光谱

图 4-6　LCP 和 RCP 激发下 BSRRN 的透射光谱

通过改变 BSRRN 阵列上下层的相对位置即可改变该结构对 LCP 和 RCP 的不同响应。透射光谱的差异源于两层间等效偶极子耦合方式的不同。结构对激发光的响应也强烈依赖于纳米结构的尺寸，通过调节其参数可调节圆偏振滤波效果。

4.2.3　BRRN 中电偶极/磁偶极与激发光的相互作用机理

1. BRRN 多聚体结构

双层半环-棒纳米结构(Bi-Layer Semi-Ring Rod Nanostructure, BRRN)的模型图及相应参数定义如图 4-7 所示。BRRN 由两个平行排列的半环和一个穿过中心的倾斜纳米棒组成,单元的周期固定为 $P_x = P_y = 350$ nm。图 4-7(b)和(c)分别为 x-y 平面和 x-z 平面上的参数定义,R_1、R_2 和 H 分别为两个半环的内半径、外半径和厚度。取厚度 $H = 30$ nm,半环的内、外半径分别为 $R_1 = 110$ nm,$R_2 = 130$ nm。D 为两个半环的间距,L、W 和 M 分别为纳米棒的长度、宽度和高度,固定 $W = M = 30$ nm,θ 为纳米棒相对于半环平面的旋转角。

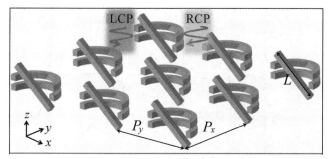

(a) BRRN阵列

(b) x-y 平面　　　　　(c) x-z 平面

图 4-7　BRRN 模型和参数定义

2. 激发光偏振性质对 BRRN 等离激元杂化的影响

图 4-8 为 $L = 280$ nm,$\theta = 40°$,$D = 20$ nm,$R_1 = 110$ nm,$R_2 = 140$ nm 时,BRRN 在 400~2000 nm 波长范围内的透射光谱和 CD 光谱。如图 4-8(a)所示,BRRN 对 LCP 和 RCP 的响应在多个波段上有明显不同,中心波长分别位于 640 nm、720 nm、1000 nm、1030 nm 和 1450 nm 处。RCP 下的透射强度仅在 640 nm 和 1030 nm 处小于 LCP。图 4-8(b)中①所对应的线表示左手结构(Left BRRN, L-BRRN)的 CD 光谱,②所对应的线表示右手结构(Right BRRN, R-BRRN)的 CD 光谱,相应位置标记了模式 1~5。

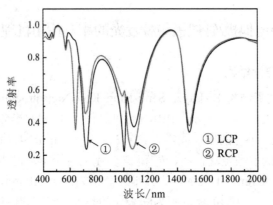

(a) BRRN在LCP和RCP下的透射光谱

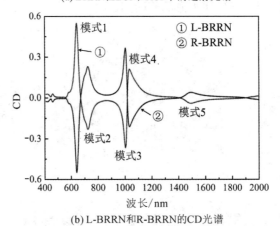

(b) L-BRRN和R-BRRN的CD光谱

图 4-8 BRRN 的手性光学特征

图 4-9(a)给出了双层半环纳米结构(Bi-Layer Semi-Ring Nanostructure, BSRN)和半环-棒纳米结构(Semi-Ring Rod Nanostructure, SRRN)的 CD 光谱以解释不同偏振性质激发光下不同的响应。如图 4-9(a)中曲线所示,BSRN 没有 CD 信号。图 4-9(b)中给出了 BSRN 在 650 nm 和 1010 nm 处的电荷和电流密度分布,箭头表示电流密度的方向和等效电/磁偶极矩。在 LCP 和 RCP 激发下,BSRN 上电荷分布相同。650 nm 处,电流表现为沿半环形平面向后流动的直电流;1010 nm 处,电流表现为两层间隙处的环形电流,它们分别产生相应的电偶极矩和磁偶极矩。虽然 1010 nm 处也可以观察到电流环的存在,但是由于此时上、下层电流反向流动,故等效电偶极矩为零,仅有电偶极子的存在或仅有磁偶极子的存在对 BSRN 上 CD 的产生没有贡献。图 4-9(a)中,SRRN 上有微弱 CD。如图 4-9(b)中对应的,SRRN 在 LCP 和 RCP 的激发下呈不同模式(LCP 下为绑定模式,RCP 下为反绑定模式),这意味着不同的相互作用能影响透射强度,从而产生 CD[20]。BRRN 上多个波长处都产生了

电环流，CD 效应不仅来自双层半环的电偶极子和纳米棒的电偶极子之间的不同相互作用，而且来自双层半环的磁偶极子和纳米棒的电偶极子之间的不同相互作用[31-32]。

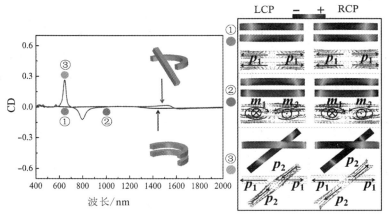

(a) BSRN和SRRN的CD光谱　　(b) 对应于图4-9(a)中圆点的电荷分布和电流密度分布

图 4-9　BSRN 和 SRRN 的光谱特性及电荷、电流密度分布

图 4-10 为 LCP 和 RCP 激励下，BRRN 的模式 1~5 的电流密度分布，半环上电偶极矩用 p_1 表示，磁偶极矩用 m 表示，纳米棒上的电偶极矩用 p_2 表示。$\lambda=640$ nm 处的模式 1，半环和棒上分别有两个电偶极子；LCP 激励下，p_1 和 p_2 异相振动，RCP 激励下，p_1 和 p_2 同相振动，共振能量的差异导致不同的透射强度。$\lambda=720$ nm 处的模式 2，半环上的三个磁偶极子与棒上的两个电偶极子相互作用。当电偶极矩和磁偶极矩相互垂直时，纳米结构是非手性的，对 LCP 和 RCP 的响应相同[33-34]。但对于具有一定曲率的半环，不仅形成了与 p_2 垂直的 m_3，还形成了与 p_2 呈一定角度的 m_1 和 m_2。LCP 和 RCP 的激发下，m_1 和 m_2 的振动方式相同，但 p_2 的振动方向相反，这也导致了 p_2 和 m 之间不同的相互作用能。虽然无法从给出的电流图中得到 m 的准确方向和位置，也许 m_3 与 p_2 有一定的夹角，但分析方法仍然适用。$\lambda=1000$ nm 处的模式 3，在 LCP 和 RCP 激发下呈现完全不同的振动模式。LCP 的激励下，电偶极子与两个磁偶极子相互作用，RCP 激发下仅有两个电偶极子相互作用。$\lambda=1030$ nm 处的模式 4，半环上没有垂直于 p 的 m，所有振动(包括 LCP 和 RCP 下的 m_1、m_2 和 p_2)都是异相的。同样的分析适用于 $\lambda=1450$ nm 处的模式 5，与 LCP 和 RCP 下的 p_1 和 p_2 相关的所有振动都是异相的。

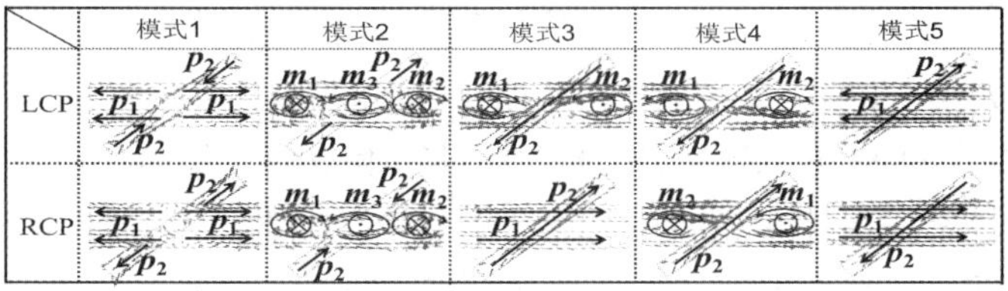

图 4-10　图 4-8 中模式 1~5 的电流密度分布

3. BRRN 尺寸对等离激元杂化的影响

等离激元共振耦合的强度和位置取决于单个纳米结构的大小和多个纳米结构的排列，故 CD 信号强烈依赖于这些参数。对多模式结构，影响过程复杂，具有多因素竞争特点。依赖参数的 BRRN 的 CD 信号表现出一些有趣的光谱变化特征。

图 4-11 为 BRRN 的 CD 光谱随 θ、D、R_2、L 的变化情况。其中，图 4-11(b)～(d)中 $\theta = 40°$；图 4-11(a)、(c)和(d)中 $D = 20$ nm；图 4-11(a)、(b)和(d)中 $R_2 = 140$ nm；图 4-11(a)～(c)中 $L = 280$ nm。

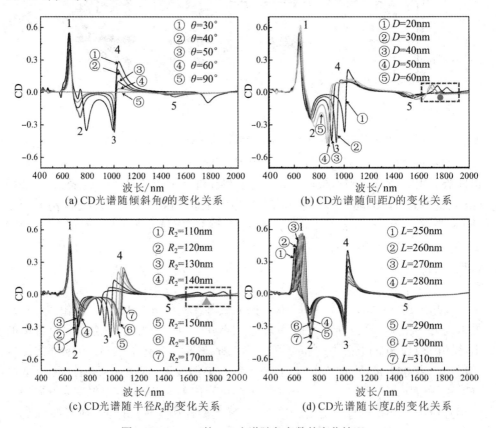

图 4-11　BRRN 的 CD 光谱随各参数的变化情况

如图 4-11(a)所示，随 θ 增加，模式 1～5 的强度减小并在 θ 达到 90°时消失，$\theta = 30°$ 对应于 CD 的出现，$\theta = 90°$ 对应于 CD 的消失。与模式 1、3 和 4 相比，模式 2 和 5 的位置对变量 θ 更为敏感。如图 4-11(b)和(c)所示，除模式 1 外的所有模式的位置对变量 D 和 R_2 都很敏感。通过操纵间距 D 和半径 R_2，可以生成新的 CD 模式(用矩形标记)。为了理解新模式的形成机制，图 4-12 中给出了电流密度分布图，其上排为图 4-11(b)中 $D = 50$ nm 时的情况，下排为图 4-11(c)中 $R_2 = 150$ nm 时的情况。两层的电流方向相反，也没有产生电环流，这与之前在模式 1~5 中观察到的不同。这是因为较大的距离 D 和半径差导致即使电流反向，等效电偶极矩也不为零。圆点表示上层的 p_1 和 p_2 同相振荡，下层的 p_1 和 p_2 异相振荡；三角形点表示上层的 p_1 和 p_2 异相振荡，下层的 p_1 和 p_2 同相振荡，CD 由 p_1 和 p_2 在 LCP 和 RCP 下的相反振动形成。如图 4-11(d)所示，除模式 1 外，其他模式位置不变；与模式 2 和模式 4 相比，

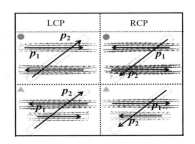

图 4-12　对应于图 4-11 中标出的
新模式的电流密度分布

只有模式 3 强度不变，且所有的谱线都较窄。对比图 4-11(a)~(d)，只有 L 的变化才能调整模式 1 的位置，L 的变化可以视为对模式 1 的单独操作，利用该特点可防止手性光谱测量中的相互干扰。参数 H、W、a 和 M 对 CD 信号也有一定的影响，这里不作讨论。

电偶极子-电偶极子以及磁偶极子-电偶极子的不同作用方式导致了该结构对 LCP 和 RCP 激励的不同响应。响应差异与结构参数(如倾斜角 θ、距离 D、半径 R_2 和纳米棒长度 L)有关。通过旋转纳米棒可以增强或抑制这种响应差异。

4.3　纳米结构超表面的滤波特性研究

基于激发光与超表面的相互作用特点，设计具有滤波特性的纳米结构超表面。

4.3.1　银岛膜的滤波特性

图 4-13 为基于 COMSOL 计算的颗粒半径为 35 nm、颗粒间距为 8 nm 的银岛膜的吸收、散射、透射光谱，以及共振处电荷和电场分布。从图 4-13 可以看出，银岛膜在波长 360 nm 处具有 LSPR，其电荷和电场分布如图 4-13 右侧所示，银颗粒上正、负电荷平均分布，形成振荡偶极子，并在银颗粒间隙形成了增强的局域场。银岛膜对 376 nm 波长光的透射率几乎为零，可实现简单的光谱滤波。电子共振动能通过电子散射将能量转化为晶格振动能，晶格振动能以欧姆热的形式耗散。据报道，贵金属纳米结构在共振波长处的光吸收截面远超过其物理截面，因此其欧姆损耗在共振位置最强，这是一种非辐射衰减，表现为对某一波长的吸收。电子共振以相同的频率向外辐射，这是一种辐射衰减，表现为对某一波长的散射。透射光谱受这两个过程的协同作用的影响[35-36]。

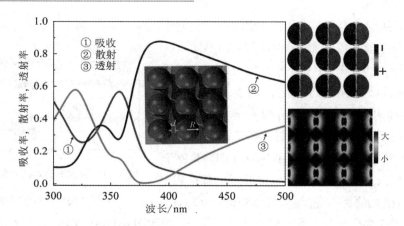

图 4-13　银岛膜的吸收、散射、透射光谱(左侧)及共振处电荷(右上)和电场分布(右下)

图 4-14(a)为不同银颗粒半径的银岛膜的吸收光谱,随颗粒半径增大,吸收光谱红移。这是因为随颗粒逐渐变大,单个颗粒上正负电荷分开距离变大,偶极振荡能量减小,这使耦合能量也减小,故能量更小的激发光与之耦合。当颗粒直径为 65 nm 时,过大尺寸的纳米颗粒上出现了多级极化,如其中插图,除位于 370 nm 的偶极振荡,在 350 nm 处出现了四级振荡。图 4-14(b)为颗粒半径 45 nm,颗粒间距变化时的吸收光谱。随颗粒间距变大,吸收光谱位置变化越小,吸收强度也越小。这表明相邻颗粒之间的耦合越来越弱,吸收特性逐渐变成单个纳米颗粒的情况。对于耦合最强的情况,即间距为 2 nm 时,强相互耦合也形成了四级振荡。

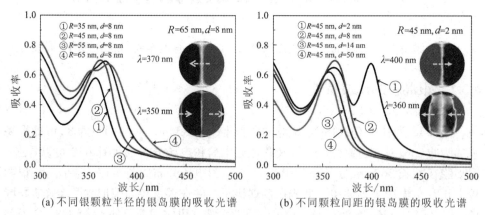

(a) 不同银颗粒半径的银岛膜的吸收光谱　　(b) 不同颗粒间距的银岛膜的吸收光谱

图 4-14　银岛膜的吸收光谱

4.3.2　银纳米圆盘阵列的滤波特性

图 4-15(a)为银纳米圆盘阵列的结构示意图。不同于银岛膜的设计,这种圆盘

阵列中,纳米结构间隔距离较远(间隔距离 $d \geq$ 圆盘直径 D),光谱主要通过激发光与纳米颗粒的耦合调控,而不通过纳米颗粒之间的耦合调控。这就是说,只考虑激发光与纳米颗粒之间的作用,不考虑纳米颗粒之间的相互作用。设相邻两个圆盘间距 $d = 200$ nm,为固定值,圆盘直径分别为 120 nm、140 nm、160 nm、180 nm、200 nm。图 4-15(b)为基于 COMSOL 计算的不同直径银纳米圆盘阵列的透射光谱,圆盘阵列具有明显的 LSPR,且在共振位置具有一定的滤波效应。随着圆盘直径变大,LSPR 逐渐红移且相应共振位置的滤波效应越好。图 4-15(c)给出了直径 D 为 120 nm 和 200 nm 时,圆盘在 LSPR 处的电场分布。直径为 200 nm 的圆盘附近的电场更强,这表明此时耦合更强,吸收更多;另外,增大颗粒尺寸也会使反射更强。因此,圆盘尺寸越大,圆盘对激发光的吸收和反射都会变强,从而导致透射光减弱。

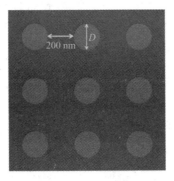

(a) 圆盘阵列示意图

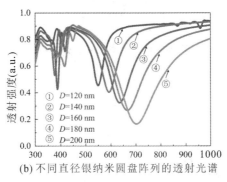

(b) 不同直径银纳米圆盘阵列的透射光谱

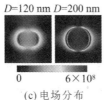

(c) 电场分布

图 4-15　银纳米圆盘阵列的模型及 LSPR 特性

4.3.3　基于 MTDSD 的宽带圆偏振滤波器

1. 结构设计

多层扭曲双半圆片(Multilayer Twisted Double Semi-Discs, MTDSD)结构的最大层间距为 45 nm，在结构和滤波产生机理上都不同于之前的报道。理论上MTDSD 可通过传统的光刻技术制备，并且其滤波效果与三维结构类似。MTDSD的结构用 i-双半圆片(i-Double Semi-Discs, i-DSD)表示，i 为层数，可以为 1、2、3、4、5 或 6。例如，$i=1$ 代表一层，$i=2$ 代表两层，以此类推。

图 4-16(a)为 2-DSD 阵列示意图。其中，下层相对于上层逆时针旋转了 30°，且每层通过从一个圆中减去一个矩形得到。a_x 和 a_y 分别是 2-DSD 在 x 和 y 方向上的周期，为常数，$a_x=600$ nm，$a_y=600$ nm。图 4-16(b)、(c)分别为 2-DSD 在 x-y和 x-z 平面上的视图，R 表示半圆盘所在圆的半径，θ 表示下一层相对于上层的旋转角，L、H 和 D 分别表示两个半圆盘的间距、层间距以及圆盘厚度，激发光为LCP 或 RCP，沿 z 轴负方向激发结构表面。消光率(Extinction Rate, ER)定义为 RCP的透射率与 LCP 的透射率之比；工作带宽(Operation Band, OB)为消光率大于10∶1 时的波长范围；平均透射率(Average Transmittance, AT)和平均消光率(Average Extinction Rate, AER)为工作带宽内相应值的平均值。

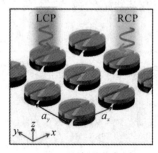

(a) 2-DSD阵列示意图

(b) x-y平面中单个2-DSD示意图　(c) x-z平面中单个2-DSD示意图

图 4-16　2-DSD 模型及参数定义

2. MTDSD 的宽带圆偏振滤波效应及产生原因

图 4-17(a)～(c)分别为具有相同 θ(30°)的 2-DSD、4-DSD 和 6-DSD 的透射光

谱和消光率,其上方插图为相应的结构单元,相关参数值为 $R=210\ \text{nm}$, $L=50\ \text{nm}$, $H=25\ \text{nm}$, $D=50\ \text{nm}$。该结构对两种激发光的透射响应不同,RCP 的透射率远大于 LCP(此时,下层相对于上层逆时针旋转;如果顺时针旋转,则情况将相反)。该结构允许特定波长的 RCP 通过,但 LCP 几乎被禁止,具有显著的圆偏振滤波效应。

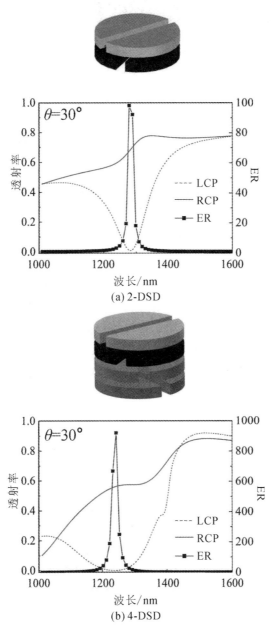

(a) 2-DSD

(b) 4-DSD

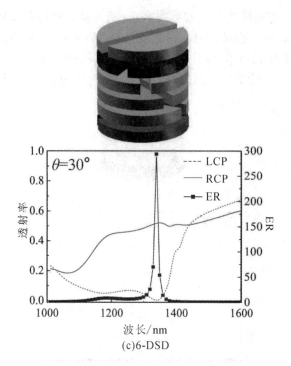

图 4-17　透射光谱和消光率

为量化滤波效果，图 4-17 中也给出了 ER 曲线，并于表 4-1 中列出了 OB、AT 和 AER。从表 4-1 中可以看出，OB 随层数的增加而变化，其值分别为 49 nm、139 nm 和 69 nm。这表明 2-DSD 中可获得窄 OB；4-DSD 中可同时获得宽 OB 和高达 161∶1 的 AER。

表 4-1　MTDSD 的圆偏振器滤波性能

MTDSD	OB/nm	AT(LCP)	AT(RCP)	AER
2-DSD	1260～1309	0.04	0.69	41∶1
4-DSD	1164～1303	0.02	0.54	161∶1
6-DSD	1297～1366	0.03	0.51	61∶1

图 4-18 为线偏振光和圆偏振光激发下 MTDSD 的透射光谱。1-DSD 对 x 偏振光(x Polarized, xP)和 y 偏振光(y Polarized, yP)具有不同的透射响应，对 LCP 和 RCP 具有相同的透射响应。当层数增加时，MTDSD 对线偏振光的不同响应随结构几何形状的变化而改变。4-DSD 对 xP 和 yP 的透射光谱几乎相同。当层数大于 1 时，MTDSD 始终保持对 LCP 和 RCP 的不同透射光谱响应。

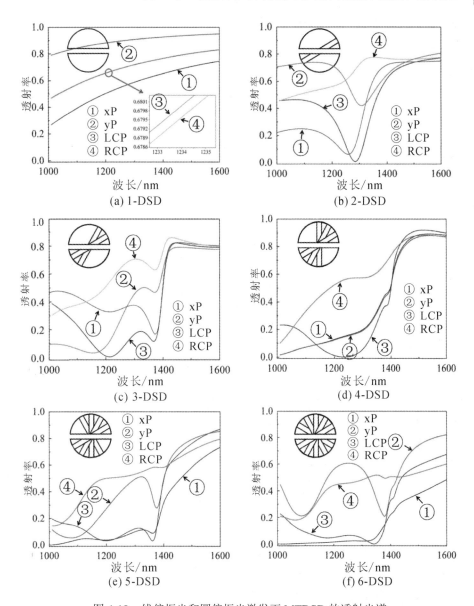

(a) 1-DSD

(b) 2-DSD

(c) 3-DSD

(d) 4-DSD

(e) 5-DSD

(f) 6-DSD

图 4-18　线偏振光和圆偏振光激发下 MTDSD 的透射光谱

　　如前面小节中的分析,图 4-18 中不同偏振性质和波长的激发光下透射率的差异可用等离激元耦合理论解释[37]。等离激元耦合的相互作用能可以以热损失的形式在金属中被吸收,剩余的能量分别被反射和透射。但在线偏振光(xP 和 yP)和圆偏振光(LCP 和 RCP)下,等离激元共振对透射光谱的调制不同。图 4-19 给出了 2-DSD 在不同激发光下的透射和反射光谱。在图 4-19(a)中,xP 和 yP 激发下 2-DSD 的透射光谱与吸收光谱、反射光谱都有关。如图 4-19(b)所示,在 LCP 和 RCP 的激发下，2-DSD 的反射光谱相同，透射值完全取决于等离激元耦合产生的吸收能量的差异。堆叠层之间的电偶极子-磁偶极子相互作用，可以将每一层上的线极化本征模转换为圆极化本征模[16,38]。

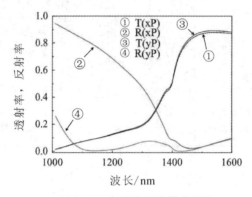

(a) 2-DSD在线偏振光激发下的
透射光谱和反射光谱

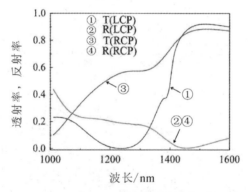

(b) 2-DSD在圆偏振光激发下的
透射光谱和反射光谱

图 4-19　2-DSD 在不同激发光下的透射光谱和反射光谱

图 4-20(a)为 2-DSD 在 1290 nm 处的电流分布，每一层的电流都在一个方向上流动，这意味着电荷共振可以看作偶极子振荡，用箭头表示每一层的电流流动方向。在 LCP 激发下，诱导的电流向上层流动，表现出较强的电磁耦合，产生三维手性电流。在 RCP 的激发下，电流也流向上层，这是由右手行为引起的，不同之处在于上、下层电流较弱，导致电磁耦合较弱，结构吸收的光较少，故对 RCP 激发光几乎是透明的。图 4-20(b)和(c)分别为 2-DSD 在 LCP 和 RCP 激发下的吸收光谱和偶极功率。LCP 激发下的电偶极功率和磁偶极功率均大于 RCP 激发下的电偶极功率和磁偶极功率，且产生差异的位置与吸收光谱一致，这进一步证明了上述分析。

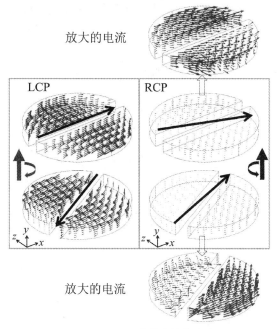

(a) 1290 nm处的电流分布

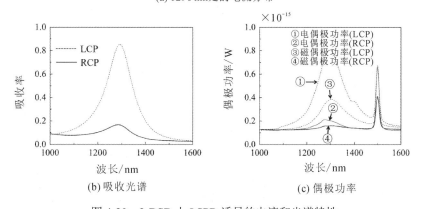

(b) 吸收光谱

(c) 偶极功率

图 4-20　2-DSD 上 LSPR 诱导的电流和光谱特性

3. MTDSD 的宽带圆偏振滤波效应调控

不同的结构具有不同的光学特性。接下来只针对 2-DSD 和 4-DSD 研究窄带(≈49 nm)和宽带(≈139 nm)圆偏振器的参数依赖特性。

图 4-21(a)和(b)分别为 2-DSD 和 4-DSD 在不同旋转角下的透射光谱。在 2-DSD 结构上，随角度增大，OB 中心波长从 1350 nm 移动到 1140 nm。在 4-DSD 结构上，随角度增加表现出明显的波形展宽。共振波长的位置、波形等外部特征与纳米结构之间的耦合能量有关，当耦合能量发生变化时，不同波长的激发光将与其

耦合，从而引起共振位置的变化。若存在具有几乎相同能量的多个耦合模式，则波形将变宽。反之，当发生高阶共振时，由于耦合能量的突然变化，会产生新的波形[39-40]。2-DSD 结构上，共振能越大，波长越小；4-DSD 结构上，偶极子之间的耦合更加复杂和多样化，随角度增加波形明显展宽。

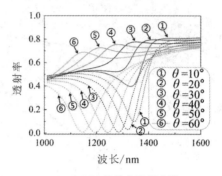

(a) 2-DSD结构的透射光谱

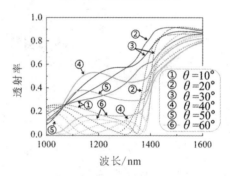

(b) 4-DSD结构的透射光谱

图 4-21　不同结构在不同 θ 下的透射光谱(虚线表示 LCP，实线表示 RCP)

固定 $\theta=30°$，分别基于 x-y 和 x-z 平面的参数依赖性对滤波效果进行调控。光谱特性与电偶极子和磁偶极子有关，单个纳米层上的电荷振动受到影响，影响不同层间的耦合，即磁偶极子。尺寸对电偶极子的影响主导了光谱特性的调制，所以，通过分析几何结构对电偶极子共振的影响即可分析光谱的变化。在 x-y 平面上，分别研究了不同 R 和 L 下 2-DSD 和 4-DSD 的透射光谱。图 4-22(a)和(b)分别为 R 从 190 nm 增加到 230 nm 时 2-DSD 和 4-DSD 的透射光谱，其中 L=D=50 nm，H=25 nm。可以看出，随半径增大，波长从 1180 nm 红移到 1390 nm。这是因为随半径增大，偶极子正、负电荷之间距离增大，导致静电力变弱，振荡能量变小，波长较长的激发光与其耦合导致光谱红移。图 4-22(c)和(d)分别为 L 从 40 nm 增加到 70 nm 时 2-DSD 和 4-DSD 的透射光谱，其中 R、D 和 H 分别为 210 nm、50 nm和 25 nm。可以看出，L 的改变对光谱位置和形状并无影响，这意味着制备纳米结构的过程中，L 对光谱的影响在一定尺寸范围内可以忽略。

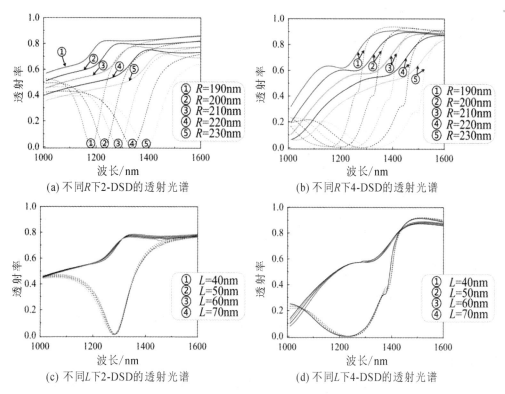

(a) 不同 R 下 2-DSD 的透射光谱　　　　(b) 不同 R 下 4-DSD 的透射光谱

(c) 不同 L 下 2-DSD 的透射光谱　　　　(d) 不同 L 下 4-DSD 的透射光谱

图 4-22　不同 R 和 L 下 MTDSD 的透射光谱(虚线表示 LCP，实线表示 RCP)

　　下面分析在 x-z 平面上，以 H 和 D 为变量时 2-DSD 和 4-DSD 的透射光谱。图 4-23(a)和(b)分别为 R=210 nm, D=50 nm, L=50 nm 时不同 H 下 2-DSD 和 4-DSD 的透射光谱。可以看出，随 H 增加，波长蓝移。对于 MIM 结构，当上、下层处于绑定模式(异相振荡)时，波长随距离的增加而蓝移；相反，当两者处于反绑定模式(同相振荡)时，波长会红移。此外，在反绑定模式变为绑定模式的情况下，波长也会发生蓝移[27, 41]。图 4-23(a)和(b)为这些因素综合作用的结果。如图 4-23(b)所示，当 H 为 15 nm 时，光谱变为两个不同的波段，1190 nm 之前的窄带禁止 RCP 透过，1190 nm 之后的更宽波段阻止 LCP 透过。图 4-23(c)和(d)分别为 R=210 nm, H=25 nm, L=50 nm 时不同 D 下 2-DSD 和 4-DSD 的透射光谱。可以看出，随 D 增大，2-DSD 中波长发生蓝移，这是因为每层上的极化电荷随着厚度的增加而增加，导致偶极子振荡能量增加；4-DSD 的波长位置变化不大，但随着共振能量增加，两种激发下的透射率逐渐减小，在 1290 nm 附近最明显。

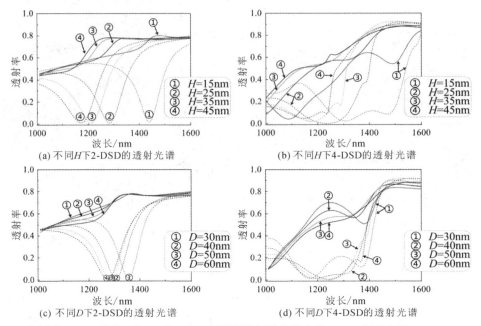

(a) 不同H下2-DSD的透射光谱　　　　(b) 不同H下4-DSD的透射光谱

(c) 不同D下2-DSD的透射光谱　　　　(d) 不同D下4-DSD的透射光谱

图4-23　不同H和D下MTDSD的透射光谱(虚线表示LCP,实线表示RCP)

图4-24为除L和θ=10°外,各种θ、R、H、D下的OB和AER对比,水平轴分别为θ(20°、30°、40°、50°和60°)、R(190nm、200 nm、210 nm、220 nm和230 nm)、H(15 nm、25 nm、35 nm和45 nm)和D(30 nm、40 nm、50 nm和60 nm)。每种情况下,水平轴的参数(θ/R/H/D)用序号1、2、3、4和5表示。图4-24中带有方块的实线来自图4-21,数字1~5分别代表θ为20°、30°、40°、50°和60°,此时其他参数为R=210 m,L=50 m,H=25 m,D=50 m。图4-24中带有圆点的虚线来自图4-22,数字1~5分别代表R为190 nm、200 nm、210 nm、220 nm和230 nm,此时其他参数为θ=30°,L=D=50 nm,H=25 nm,以此类推。基于MTDSD的圆偏振器具有宽OB和高AER。OB和AER对几何参数变化敏感,与2-DSD相比,4-DSD上OB和AER对各参数的依赖性更为明显。

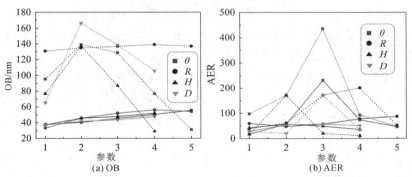

(a) OB　　　　　　　　(b) AER

图4-24　不同θ、R、H和D时的滤波能力对比(虚线表示4-DSD,实线表示2-DSD)

4.3.4　基于 BTTN 的窄带圆偏振滤波器

1. 结构设计

双层扭曲四聚体(Bilayer Twisted Tetramer Nano-structure, BTTN)由两层扭曲的银纳米棒四聚体阵列组成。BTTN 模型及参数定义如图 4-25 所示，每层由四根相互垂直的纳米棒组成，下层纳米棒沿 x 轴为上层的镜面结构。所有纳米棒具有相同的几何参数，宽度 W 为 20 nm，高度 D 为 30 nm，长度 L 可变。可变距离 H 表示两层间隙，可变距离 G 和 Q 分别表示与 x 轴和 y 轴平行的两个纳米棒的间距。常数 B 等于 30 nm，表示相邻垂直纳米棒之间的距离，BTTN 阵列在 x-y 平面的周期 a 为 300 nm。

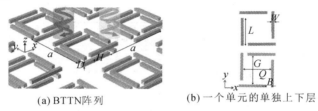

(a) BTTN阵列　　　　　　(b) 一个单元的单独上下层

图 4-25　BTTN 模型及参数定义

2. BTTN 的窄带圆偏振滤波效应及产生原因

图 4-26 为 BTTN 阵列的透射光谱，其中 H=50 nm，G=210 nm，Q=200 nm，L=200 nm。在波长为 800～1400 nm 的范围内，在 LCP 和 RCP 的激发下出现了两种模式。模式 1 具有明显的窄带偏振滤波效果，中心波长附近对 LCP 呈波峰，位于 λ=1200 nm 处；对 RCP 呈波谷，位于 λ=1190 nm 处。该模式 1 下，BTTN 对 LCP 的透射率为 0.69，对 RCP 的透射率仅为 0.02，平均消光率为 42：1。在模式 2 下，BTTN 对两种偏振性质的激发光的响应几乎一致，透射率仅为 0.0095，该模式下 BTTN 可实现对 1010 nm 波的完全阻断，滤波效果与偏振无关。

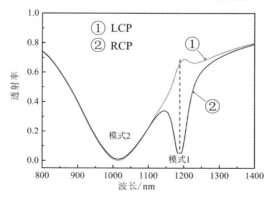

图 4-26　LCP 和 RCP 激发下 BTTN 阵列的透射光谱

图 4-27 为两种模式在 LCP 和 RCP 激发下的表面电荷分布和等效电偶极矩。这种多聚体结构的杂化方式是复杂的。为了便于分析，可将每层四根纳米棒的电荷振动等效为一个偶极子振动，图中虚线表示电流方向，相应的实心箭头表示上层或下层的等效偶极子。模式 1 在 LCP 下由两个电流方向相同的偶极子杂化而成，呈绑定模式；在 RCP 下由两个垂直的偶极子杂化而成，呈反绑定模式。两种模式具有不同的共振能，对应不同的透射率。模式 2 在 LCP 和 RCP 下都为反绑定模式，因此透射率差别很小。

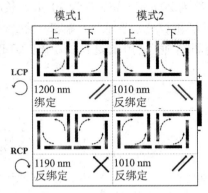

图 4-27　LCP 和 RCP 激励下 BTTN 的电荷分布和等效电偶极矩

3. BTTN 的窄带滤波效应调控

图 4-28(a)为模式 1 和模式 2 对应的绑定方式的变化。图 4-28(b)为 BTTN 在不同间距 H 下的透射光谱，其中 $L=200$ nm，$G=210$ nm，$Q=200$ nm。如图 4-28(b) 所示，当 H 从 70 nm 减小到 30 nm 时，模式 1 和 2 都红移。如图 4-28(a)所示，模式 1 在 LCP 下为绑定模式，两个偶极子之间存在吸引力，H 减小使等效电偶极矩减小，共振波长红移；模式 1 在 RCP 下最初表现为反绑定模式，两个偶极子之间存在排斥作用，当 H 减小时，由反绑定状态转变成绑定模式，产生吸引力，共振波长红移。当 $H=50$ nm 或 30 nm 时，BTTN 在 LCP 和 RCP 激发下，模式 2 均为反绑定模式。H 减小，排斥作用减弱，共振波长红移。当 H 从 70 nm 变化到 30 nm 时，模式 1 对应的窄带滤波效果先变好后变差。当 H 从 70 nm 到 50 nm 时，中心波长红移且消光率增加；继续减小 H，中心波长红移而消光率减小，滤波效果变弱并且波形展宽。

(a) $H=50$ nm 和 30 nm 时 BTTN 上模式 1 和 2 的绑定方式

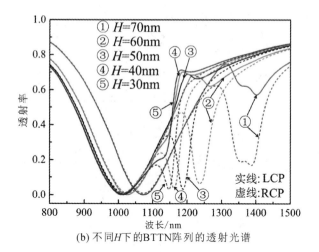

(b) 不同 *H* 下的 BTTN 阵列的透射光谱

图 4-28　电偶极共振模式及透射光谱

图 4-29 为不同长度 *L* 时 BTTN 的透射光谱，其中 *H* = 50 nm，*G* = 210 nm，*Q* = 200 nm。随 *L* 从 170 nm 增加到 230 nm，模式 1 在 LCP 下透射率下降；RCP 下，*L* 增加到 200 nm 时，透射率下降，然后保持在零附近。当 *L* ≥ 200 nm 时，模式 1 才产生滤波效果，且 *L* = 200 nm 时效果最好。模式 2 随 *L* 的增加也红移，纳米棒长度的增加使得每个模式中正、负电荷间的距离变大，电荷间库仑力减小，共振能量减小，使波长更长的光与结构耦合并导致光谱红移。

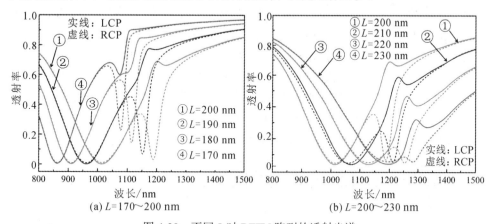

图 4-29　不同 *L* 时 BTTN 阵列的透射光谱

图 4-30(b) 和 (c) 为不同长度 *G* 和 *Q* 时 BTTN 的透射光谱，其中 *H* = 50 nm，*L* = 200 nm。随 *G* 和 *Q* 同步增大，LCP 下，模式 1 的透射强度下降，RCP 下，透射强度随 *G* 和 *Q* 增大到 240 nm/230 nm 下降，之后几乎为零。当 *G*/*Q* ≥ 210 nm/200 nm 时才产生滤波效果，且 *G*/*Q* = 210 nm/200 nm 时效率最佳。

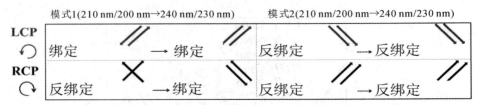

(a) 模式1和模式2的绑定方式(其中G/Q=210 nm/200 nm和G/Q=240 nm/230 nm,

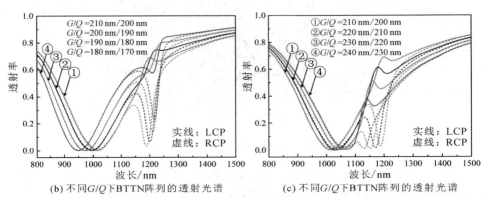

(b) 不同G/Q下BTTN阵列的透射光谱　　　(c) 不同G/Q下BTTN阵列的透射光谱

图4-30　电偶极共振模式及透射光谱

透射光谱变化规律受绑定到反绑定模式变化的影响。与绑定模式相比，反绑定模式具有更高的共振能量，共振波长蓝移[14]。对特定的杂化模式，当 G 和 Q 增加时，同一层上两个纳米棒间的相互作用改变，影响等效偶极矩大小，从而影响共振波长[42-43]。在图4-30(a)中，随 G 和 Q 增加，LCP 下，模式 1 总处于绑定模式，蓝移是由相邻纳米棒的间距变化引起的；RCP 下，模式 1 由反绑定变为绑定模式，此时，相邻纳米棒的间距在波长蓝移中起更重要的作用。

BTTN 上模式 2 的滤波效应变化规律清晰且稳定，LCP 和 RCP 下响应始终保持一致，中心波长范围覆盖 862~1200 nm，但带宽较宽。模式 1 的窄带偏振滤波效果较好，但只在特定几何参数下(图 4-29 中 L≥200 nm 时，图 4-30 中 G/Q≥210 nm/200 nm 时) 有效，可调性低。

4.3.5　基于 BNR 的双/三带带阻红外滤波器

1. 结构设计

图 4-31(a)为双层环(Bilayer Nano-Ring, BNR)模型示意图，BNR 由两个不同尺寸的纳米环和中间的二氧化硅介质层组成，a_x、a_y 均为 450 nm，二氧化硅层厚度 H=20 nm。图 4-31(b)为两个环垂直方向正对的情况，o 为两环中心，r_2' 和 r_2 分别为大环内、外半径，r_1' 和 r_1 分别为小环内、外半径。图 4-31(c)为小环偏离结构中心时的示意图，o_1 和 o_2 为两环对应的中心，偏移位移 d=50 nm，为常数。BNR

可通过纳米光刻工艺制备[24, 44]。其步骤为，第一，旋涂 30 nm 光刻胶涂层，电子束光刻纳米环，热蒸发 30 nm 银后剥离光刻胶涂层；第二，用可固化光聚合物 (PC403) 旋涂 30 nm 平坦化层，沉积 20 nm 二氧化硅以作为间隔层；第三，重复第一步制备上层纳米环。

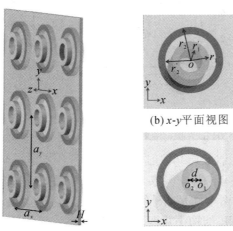

(a) BNR 阵列　(b) x-y 平面视图　(c) 小圆环沿 x 移动 50 nm 的 x-y 平面视图

图 4-31　BNR 模型及参数定义

2. BNR 的滤波效应

图 4-32(a) 和 (b) 分别为沿 y 轴偏振的线偏振光和圆偏振光下，$r_1 = 70$ nm 和 $r_2 = 130$ nm 时，BNR 的吸收、散射和透射光谱。透射光谱在 720 nm 和 1150 nm 处出现的两个波谷分别标记为模式 1 和模式 2。这两个波长处透射率几乎为零，在其他位置，透射率更高甚至达到 1(即 100%)，这表明该结构是一种潜在的双带红外带阻滤波器，可阻止两个波长的光。该结构对两种激发光的响应完全相同，这种偏振无关性赋予了该结构作为滤波器更大的优势。

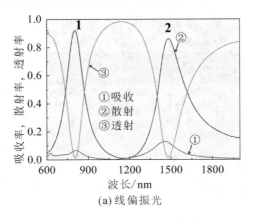

① 吸收　② 散射　③ 透射

(a) 线偏振光

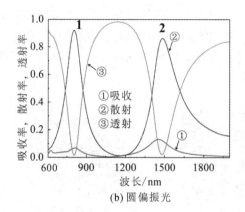

(b) 圆偏振光

图 4-32   不同激发光下 BNR 的吸收、散射和透射光谱(其中 $r_1 = 80$ nm, $r_2 = 140$ nm)

现分析图 4-32 中的吸收光谱和散射光谱,以阐明不同激发光下该等离激元滤波器的形成机理。图 4-32(a)和(b)中吸收光谱的两个波峰处是共振引起的欧姆损耗较强的位置;散射光谱的两个峰是向外辐射的共振能量引起的。透射光谱受两个过程协同作用的影响。BNR 结构中共振位置处透射率为零,这是因为一部分光能被吸收,另一部分被散射。

图 4-33(a)为模式 1 和模式 2 的电荷和电场分布。MIM 纳米结构中存在两种类型的等离激元杂化:电荷振动同相时的反绑定模式和电荷振动异相时的绑定模式。反绑定共振波长更短,这是因为共振效应导致反绑定模式比绑定模式具有更强的共振能量。在图 4-33(a)中,线偏振光下,模式 1 为偶极-偶极反绑定模式,模式 2 为偶极-偶极绑定模式。在纳米环两侧,电场沿 x 方向对称分布。圆偏振光下,模式 1 为小环偶极模式和大环四极模式耦合的结果,模式 2 是偶极-偶极绑定模式,此时电场在环周围对称分布。

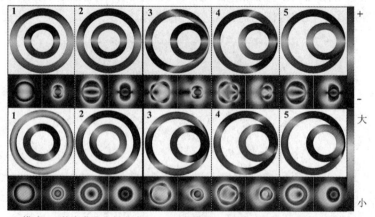

(a) 模式1~2的电荷和电场分布   (b) 模式3~5的电荷和电场分布

图 4-33   线偏振光和圆偏振光下的电荷和电场分布

3. BNR 的滤波效应调控

图 4-34(a)和(b)为内、外半径变化时，两种偏振光下 BNR 的透射光谱。随两环内、外径增大，模式 1 位置从 720 nm 移到 1340 nm，模式 2 位置从 1150 nm 移到 1900 nm。因为变大的尺寸使正、负电荷分开的距离越大，降低了库仑力提供的电荷振动的恢复力，削弱了振动，波长较长的激发光与结构耦合后导致波长红移。由于尺寸增大时，电磁场引起非均匀极化，FWHM 增大。

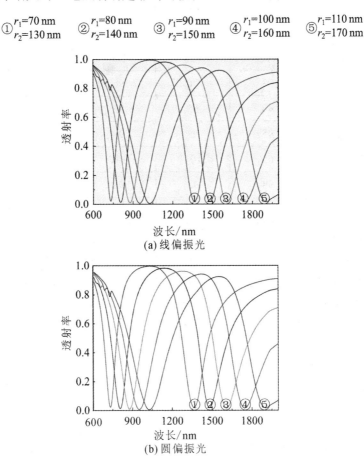

图 4-34　不同 r_1 和 r_2 下 BNR 的透射光谱

表 4-2 为线偏振光激发下模式 1～5 的滤波效率和 FWHM，其中滤波效率为 $n = (1-T)/1$。两种模式的效率都接近 100%。随半径增大，模式 1 效率增加，在 $r_1 = 110$ nm、$r_2 = 170$ nm 时达到最大值。模式 2 效率先增大后减小，在 $r_1 = 90$ nm、$r_2 = 150$ nm 时达到最大值，并且模式 2 的 FWHM 总是大于模式 1。

表 4-2 线偏振光激发下不同模式的滤波效率和 FWHM

模式	参数名称	内、外半径的不同组合				
		$r_1=70\text{ nm}$ $r_2=130\text{ nm}$	$r_1=80\text{ nm}$ $r_2=140\text{ nm}$	$r_1=90\text{ nm}$ $r_2=150\text{ nm}$	$r_1=100\text{ nm}$ $r_2=160\text{ nm}$	$r_1=110\text{ nm}$ $r_2=170\text{ nm}$
1	$n/\%$	98	99	99	99	100
	FWHM / nm	98	142	198	257	334
2	$n/\%$	98	98	99	98	98
	FWHM / nm	202	228	280	400	1043
3	$n/\%$	93	96	96	98	98
	FWHM / nm	49	65	85	101	126
4	$n/\%$	95	98	98	99	99
	FWHM / nm	65	101	141	191	243
5	$n/\%$	98	98	98	98	98
	FWHM / nm	191	211	261	452	1147

对称性破坏可产生高阶共振，这为设计高阶滤波器提供了方法。图 4-35 为小圆环沿 x 轴移动 50 nm 时的吸收、散射和透射光谱。对称性破坏导致纳米环上出现多极模，各种模式的杂化产生了新的等离激元共振模式。在图 4-35(b)中，模式 3 为小环的偶极模式与大环的四极模式产生的反绑定模式，模式 4 为小环的偶极模式与大环的四极模式产生的绑定模式，模式 5 为小环的偶极模式与大环的偶极模式产生的绑定模式。线偏振光和圆偏振光下，吸收、散射和透射光谱强度略有差别，在 LCP 和 RCP 下吸收光谱和透射光谱也有略微差别，因为非对称结构的电子共振依赖于激发光的偏振，结构的不对称会导致电场分布的不对称。

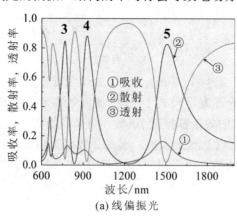

(a) 线偏振光

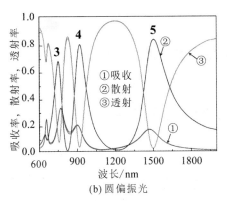

(b) 圆偏振光

图 4-35 不同激发光时 BNR 的吸收、

散射和透射光谱(其中 $r_1 = 80$ nm, $r_2 = 140$ nm, 小环沿 x 轴移动 50 nm)

三带带阻滤波特性具有尺寸依赖性。如图 4-36(a)和(b)所示,随纳米环尺寸增大,三种模式的位置红移。滤波效率和 FWHM 的变化见表 4-2,随纳米环尺寸增大,模式 3 和模式 4 的效率逐渐提高,而模式 5 的效率基本不变;半高宽依次增大,大小关系为 $FWHM_5 > FWHM_4 > FWHM_3$。

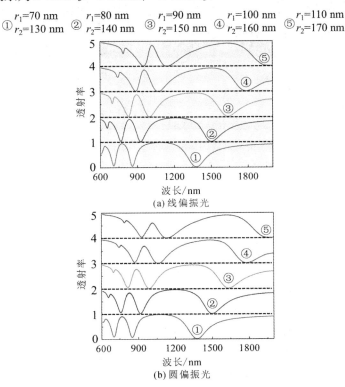

图 4-36 r_1 和 r_2 变化时 BNR 在不同激发光下的透射光谱(小环沿 x 轴移动 50 nm)

4.4 纳米结构超表面的制备及光学特性分析

4.4.1 银圆盘阵列的制备及光学特性分析

基于 4.3.2 节设计的银纳米圆盘阵列(见图 4-15(a))，委托南方科技大学刘言军教授课题组，利用电子束刻蚀(E-Beam Lithography, EBL)方法，加工制备了阵列尺寸为 100 μm × 100 μm，圆盘间距为 200 nm，圆盘直径分别为 120 nm、140 nm、160 nm、180 nm 和 200 nm 的 5 个样品。图 4-37 为所加工的圆盘阵列的光学透射和反射图像。可以看到，随圆盘直径变大，光学透射和反射图像的颜色逐渐改变，透射图像由紫色逐渐变为青色，反射图像由黄绿色逐渐变为橙红色(彩图见图 4-37右侧的二维码)。这表明透射波长蓝移，反射波长红移。

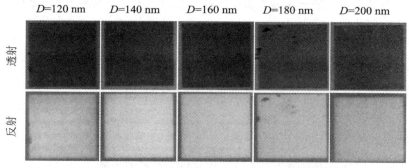

图 4-37 不同直径圆盘阵列的光学透射和反射图像

图 4-38(a)～(f)为所制备的不同直径圆盘阵列的 SEM 表征图。图 4-38(a)为尺寸 10 μm × 10 μm、直径 120 nm 的圆盘阵列。图 4-38(b)为图 4-38(a)中某一位置的放大图，其中相邻圆盘的间距和大小基本相同，圆盘呈规则的阵列分布，直径约为 130 nm，比设计值大 10 nm，圆盘间距 d 约为 190 nm，比设计值小 10 nm。部分圆盘出现了剥离不完全的现象，圆盘最外圈比中心处略高(最外圈图像比中心处更亮)。图 4-38(c)～(f)分别为直径 140 nm、160 nm、180 nm 和 200 nm 样品的 SEM表征图。同样可以看出，相邻圆盘的间距和大小基本相同，圆盘呈周期性排列，直径比设计值约大 10 nm,圆盘间距 d 比设计值约小 10 nm。随圆盘尺寸逐渐增大，剥离更加彻底，外圈高出部分的面积也逐渐缩小。

图 4-39 为图 4-38 中不同直径圆盘阵列对应的吸收、反射和透射光谱,其 LSPR反射光谱波峰对应的波长与图 4-37 中的光学反射图像的颜色基本对应。随着圆盘尺寸增大，吸收光谱和反射光谱上 LSPR 波峰位置红移，光谱强度变大。透射光

谱上 LSPR 波谷位置红移,透射强度逐渐减小,其位置移动和光谱展宽规律与 4.3.2 节中的模拟结果基本一致。

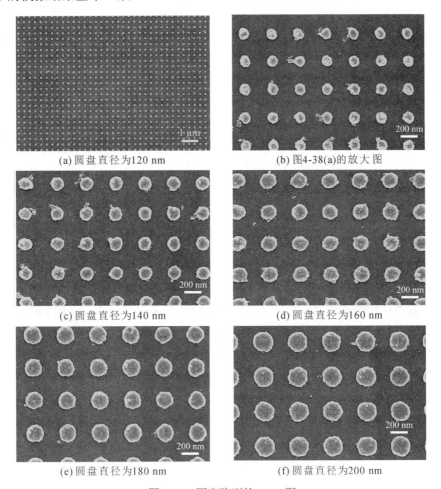

(a) 圆盘直径为120 nm

(b) 图4-38(a)的放大图

(c) 圆盘直径为140 nm

(d) 圆盘直径为160 nm

(e) 圆盘直径为180 nm

(f) 圆盘直径为200 nm

图 4-38　圆盘阵列的 SEM 图

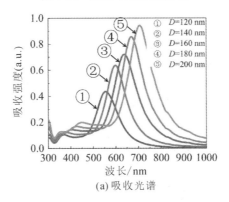

(a) 吸收光谱

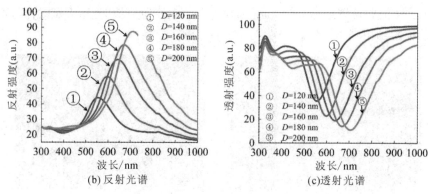

(b) 反射光谱 (c) 透射光谱

图 4-39　不同圆盘直径阵列的光学特性

图 4-40 给出了直径为 120 nm 的圆盘阵列的透射光谱。与直径为 120 nm、间距为 200 nm 的圆盘阵列模拟的 LSPR(552 nm)相比，实验测得的 LSPR 略有红移，透射强度降低，且谱线展宽。图 4-40 中②所对应的线为根据测量参数(圆盘直径 $D=130$ nm，间距 $d=190$ nm)计算的 LSPR 谱线，与实验结果基本一致。这一结果表明，圆盘制备过程中的尺寸误差使 LSPR 移动，同时使谱宽改变。当间距 d 相对较小时，应考虑圆盘之间的耦合效应，谱线②表现出不对称性。从图 4-38 可以看出，圆盘形状略不规则，这种各向异性结构上产生的多极极化会使 LSPR 展宽，同时纳米结构表面较为粗糙，这会增加散射，这种粗糙的表面影响了纳米盘的厚度，进一步影响了偶极共振能量[45-46]。此外，模拟中的周期性边界条件近似于无限阵列，而实验是在有限周期内测量的，这种差异也会影响结果。

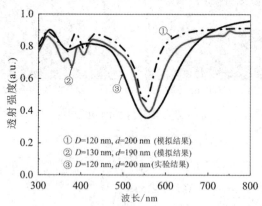

图 4-40　直径为 120 nm 的圆盘阵列的透射光谱

4.4.2　银岛膜的制备及光学特性分析

利用纳米薄膜退火方法制备银岛膜的步骤为：第一步，分别在丙酮、酒精、去离子水中超声清洗钠钙玻璃 15 min；第二步，用热蒸发沉积系统以 0.06～0.09 Å/s 的速度在玻璃片表面沉积 8 nm 银薄膜；第三步，将银纳米薄膜置于管式炉中并在一定温度下退火。退火过程通氮气保护，从室温升到目标温度时每分钟升 5 ℃，目标温度下保温 30 min，降温过程由内置风机辅助。Ag NP 的大小可通过退火温度调控[47-48]。

图 4-41(a)～(d)分别为 300 ℃、350 ℃、400 ℃和 450 ℃的退火温度下，银岛膜的 SEM 表征图，其中插图是粒子直径的统计结果及平均直径 D。当退火温度为 300 ℃时，银膜已呈岛状分布，尺寸为(53.2±13) nm。随退火温度增大，银颗粒尺寸增大，温度为 350 ℃和 400 ℃时，其尺寸分别为(54.9±11) nm、(59.7±15) nm。当退火温度为 450 ℃时，纳米颗粒变得稀疏、不规则，尺寸分布不均匀，颗粒形状不再呈球形。

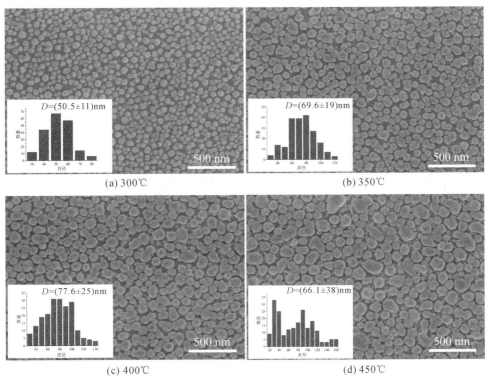

(a) 300℃　　(b) 350℃

(c) 400℃　　(d) 450℃

图 4-41　不同温度时银岛膜的 SEM 图

图 4-42(a)～(c)分别为银岛膜的吸收、反射和透射光谱。退火温度为 300～400 ℃时，银岛膜具有明显的 LSPR 主峰(位于 427 nm、447 nm 和 426 nm 处)及较弱的次峰(位于 362 nm 处)，次峰是由于纳米颗粒尺寸分布略不均匀造成的。光谱移动规律可结合 SEM 表征图分析。当温度从 300 ℃增加到 350 ℃时，变大的银颗粒尺寸使 LSPR 红移。400 ℃时，颗粒尺寸增大且分布变稀疏，LSPR 趋于单个银

纳米颗粒时的情况，吸收光谱上呈现蓝移且减弱的趋势。450 ℃时，看不到明显的 LSPR 峰，这是由于纳米颗粒已经发生严重团聚导致的。这些光谱变化规律与模拟结果基本一致。

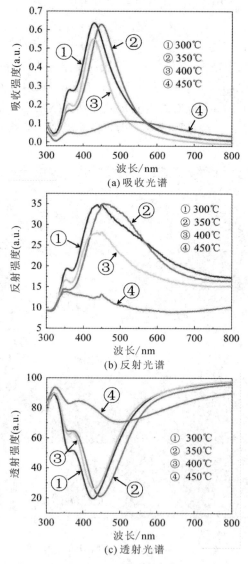

图 4-42　对应图 4-41 中银岛膜的光谱特性

从上面的结果可以看出，基于 EBL 方法可按照设计结果，制备规则的银纳米颗粒阵列，LSPR 可调性相对高，但大面积制备时费时、成本高。基于蒸镀和退火方法，操作简单、成本低、可大面积制备，但很难控制颗粒大小及其分布，LSPR 的可调性相对低。

4.5　基于银岛膜的窄带钙钛矿光电探测器的制备和探测实验

本节选择薄膜和退火方法，制备了大面积的银岛膜，并进行了窄带探测实验，所用钙钛矿为第 3 章中掺入 Ag NP 和 F68 的 $MA_{0.4}FA_{0.6}PbI_3$ 钙钛矿薄膜。图 4-43 为不同温度下退火岛膜上制备的钙钛矿薄膜的 SEM 表征图，岛状结构使钙钛矿薄膜表面堆积了大量 PbI_2，连续性极差，且岛状结构越好，钙钛矿薄膜质量越差。

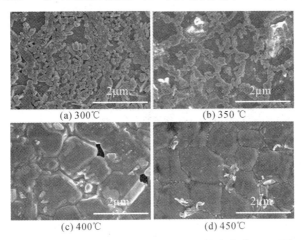

(a) 300℃　　　　(b) 350 ℃

(c) 400℃　　　　(d) 450℃

图 4-43　不同温度下退火岛膜上的钙钛矿薄膜 SEM 图

PMMA，又名有机玻璃，具有高透明度、低成本、易于机械加工等优点[49-50]。以 300 ℃退火的岛膜为研究对象，在岛膜上先旋涂一层 PMMA 膜使表面平整化，再旋涂钙钛矿以改善薄膜形貌。将 PMMA 溶解于氯苯中(0.1 g/2 mL)并将溶解液旋涂在银岛膜上，通过控制 PMMA 的旋涂速度可以控制其厚度，旋涂后立即放在 120 ℃的热台上加热 5 min，在 PMMA 层上旋涂钙钛矿前驱液。图 4-44 为不同 PMMA 厚度(0 nm、72 nm、90 nm 和 278 nm)时钙钛矿薄膜的 SEM 表征图，PMMA 的存在避免了岛状结构对薄膜形貌的破坏，但这与 PMMA 的厚度无关。

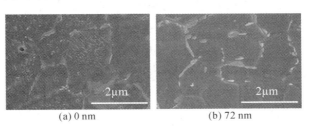

(a) 0 nm　　　　(b) 72 nm

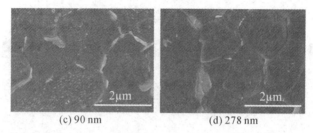

(c) 90 nm   (d) 278 nm

图 4-44　不同 PMMA 厚度时钙钛矿薄膜的 SEM 图

图 4-45(a) 为钙钛矿薄膜在 PVSK、PMMA + PVSK 及 Ag NP + PMMA + PVSK 上的 XRD 表征图，图 4-45(b) 为 (110) 衍射峰的放大图。PMMA 的存在使 (110) 衍射峰略向小角度移动，(110) 衍射峰强度增加且 FWHM 减小，FWHM 分别为 0.066°(PVSK)、0.065°(PMMA + PVSK)、0.064°(Ag NP + PMMA + PVSK)。PMMA 层的存在不仅可以使钙钛矿薄膜保持完整性，还能提高其结晶性。

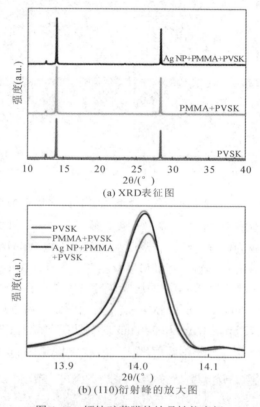

(a) XRD表征图

(b) (110)衍射峰的放大图

图 4-45　钙钛矿薄膜的结晶性能表征

基于银岛膜的窄带 PPD 是利用银岛膜对 300～800 nm 光谱的窄带透过来实现窄带探测的，光源及样品的位置如图 4-46(a)，光从 SiO_2 面入射，透过银岛膜到达钙钛矿层。图 4-46(b)和(c)为实验测试系统，本节所用单色光由白光经光谱仪分光得到。

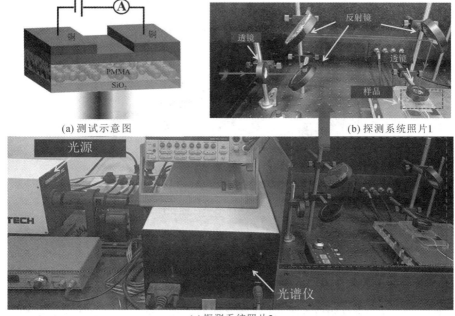

(a) 测试示意图　　　　　　　　(b) 探测系统照片1

(c)探测系统照片2

图 4-46　基于银岛膜的窄带 PPD 实验构型

图 4-47(a)为没有和有银岛膜(300 ℃退火)时，PPD 在 300～800 nm 波长激发下的光电流及二者之差。作差后的曲线具有明显波长分辨特点，470 nm 对应最高电流。4-47(b)为 300 ℃、350 ℃和 400 ℃退火岛膜的 PPD 的滤波效果，基于 300 ℃及 350 ℃退火岛膜的 PPD 的中心波长均在 470 nm 处，光电流为 0.13 μA。基于400 ℃退火岛膜的 PPD 的电流为 0.1 μA。结合窄带滤波对探测电流及 FWHM 的要求，基于 350 ℃退火岛膜的 PPD 具有最佳性能，中心波长位于 470 nm，FWHM为 145 nm。

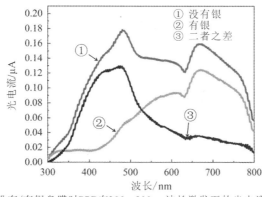

(a) 没有/有银岛膜时PPD在300～800nm波长激发下的光电流及二者之差

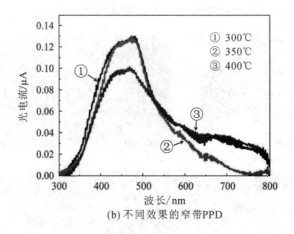

(b) 不同效果的窄带PPD

图 4-47 PPD 的窄带性能表征

4.6 本章小结

本章研究了基于 LSPR 的 PPD 性能调控技术和方法。本章分析了复杂超表面(双层劈裂环-棒纳米结构及双层半环-棒纳米结构)的等离激元响应对激发光偏振性质、纳米结构尺寸、排列方式的依赖特性，以及电偶极振荡、磁偶极振荡的相互作用机理；设计了可实现简单滤波(银岛膜和银圆盘阵列)、宽带圆偏振滤波功能(多层扭曲双半圆片阵列，工作带宽稳定可调，最高消光比为 161∶1)、窄带圆偏振滤波功能(双层扭曲四聚体，工作带宽小于 50 nm，可调性低)，以及双/三带带阻红外滤波功能(双层环，工作带宽可调，平均滤波效率大于 98%)的超表面；加工了银圆盘阵列，测试了其 LSPR，同时验证了模拟结果；使用薄膜 + 退火的方法制备了银岛膜，制备的 SiO₂/银岛膜/PMMA/钙钛矿结构的光电探测器，可实现中心波长位于 470 nm 的窄带光探测。本章的研究为实现超表面调控的波长/偏振依赖型钙钛矿光探测提供了理论和实验指导。

本章参考文献

[1] LI J, WUETHRICH A, SINA A A, et al. A digital single-molecule nanopillar SERS platform for predicting and monitoring immune toxicities in immunotherapy[J]. Nature Communication, 2021, 12(1): 1-12.

[2]　WEI Y, PEI H, DAI Q. Deep ultraviolet surface-enhanced fluorescence spectroscopy using aluminum nanospheres dimer[J]. Optik, 2020, 217: 164883.

[3]　LUO X, HU F, LI G. Dynamically reversible and strong circular dichroism based on Babinet-invertible chiral metasurfaces[J]. Optics Letters, 2021, 46(6): 1309-1312.

[4]　HUANG J A, LUO L B. Low-dimensional plasmonic photodetectors: recent progress and future opportunities[J]. Advanced Optical Materials, 2018, 6(8): 1701282.

[5]　WANG B, AIGOUY L, BOURHIS E, et al. Efficient generation of surface plasmon by single-nanoslit illumination under highly oblique incidence[J]. Applied Physics Letters, 2009, 94(1): 011114.

[6]　BARNES W L, MURRAY W A, DINTINGER J, et al. Surface plasmon polaritons and their role in the enhanced transmission of light through periodic arrays of subwavelength holes in a metal film[J]. Physical Review Letters, 2004, 92(10): 107401.

[7]　GENET C, EBBESEN T W. Light in tiny holes[J]. Nanoscience Technology: A Collection of Reviews from Nature Journals, 2010, 445: 205-212.

[8]　MCCRINDLE I J, GRANT J, DRYSDALE T D, et al. Hybridization of optical plasmonics with terahertz metamaterials to create multi-spectral filters[J]. Optics Express, 2013, 21(16): 19142-19152.

[9]　GANSEL J K, THIEL M, RILL M S, et al. Gold helix photonic metamaterial as broadband circular polarizer[J]. Science, 2009, 325(5947): 1513-1515.

[10]　YANG Z, ZHAO M, LU P, et al. Ultrabroadband optical circular polarizers consisting of double-helical nanowire structures[J]. Optics Letters, 2010, 35(15): 2588-2590.

[11]　YANG Z Y, ZHAO M, LU Y F. Similar structures, different characteristics: optical performances of circular polarizers with single-and double-helical metamaterials[J]. Journal of Lightwave Technology, 2010, 28(21): 3055-3061.

[12]　YU Y, YANG Z, LI S, et al. Higher extinction ratio circular polarizers with hetero-structured double-helical metamaterials[J]. Optics Express, 2011, 19(11): 10886-10894.

[13]　ZHAO Y, BELKIN M, ALÙ A. Twisted optical metamaterials for planarized ultrathin broadband circular polarizers[J]. Nature Communication, 2012, 3(1): 1-7.

[14]　VAN ORDEN D, FAINMAN Y, LOMAKIN V. Twisted chains of resonant particles: optical polarization control, waveguidance, and radiation[J]. Optics

Letters, 2010, 35(15): 2579-2581.

[15] ALÙ A, ENGHETA N. Optical nanotransmission lines: synthesis of planar left-handed metamaterials in the infrared and visible regimes[J]. Journal of the Optical Society of America B, 2006, 23(3): 571-583.

[16] YUN J G, KIM S J, YUN H, et al. Broadband ultrathin circular polarizer at visible and near-infrared wavelengths using a non-resonant characteristic in helically stacked nano-gratings[J]. Optics Express, 2017, 25(13): 14260-14269.

[17] HUTTER E, FENDLER J H. Exploitation of localized surface plasmon resonance[J]. Advanced Materials, 2004, 16(19): 1685-1706.

[18] GRAMOTNEV D K, BOZHEVOLNYI S I. Plasmonics beyond the diffraction limit[J]. Nature Photonics, 2010, 4(2): 83-91.

[19] SHRESTHA V R, LEE S-S, KIM E-S, et al. Aluminum plasmonics based highly transmissive polarization-independent subtractive color filters exploiting a nanopatch array[J]. Nano Letters, 2014, 14(11): 6672-6678.

[20] ZHAO Q, ZHOU J, ZHANG F, et al. Mie resonance-based dielectric metamaterials[J]. Materials Today, 2009, 12(12): 60-69.

[21] JOHNSON P B, CHRISTY R W. Optical constants of the noble metals[J]. Physical Review B, 1972, 6(12): 4370.

[22] BEROVA N, NAKANISHI K, WOODY R W. Circular dichroism: principles and applications, 2nd ed[M]. Wiley-VCH, New York, 2000, 28.

[23] VALEV V K, BAUMBERG J J, SIBILIA C, et al. Chirality and chiroptical effects in plasmonic nanostructures: fundamentals, recent progress, and outlook[J]. Advanced Materials, 2013, 25(18): 2517-2534.

[24] HENTSCHEL M, WU L, SCHÄFERLING M, et al. Optical properties of chiral three-dimensional plasmonic oligomers at the onset of charge-transfer plasmons[J]. ACS nano, 2012, 6(11): 10355-10365.

[25] WANG T, WANG Y, LUO L, et al. Tunable circular dichroism of achiral graphene plasmonic structures[J]. Plasmonics, 2017, 12(3): 829-833.

[26] WANG Y, WEN X, QU Y, et al. Co-occurrence of circular dichroism and asymmetric transmission in twist nanoslit-nanorod arrays[J]. Optics Express, 2016, 24(15): 16425-16433.

[27] JAIN P K, EUSTIS S, EL-SAYED M A. Plasmon coupling in nanorod assemblies: optical absorption, discrete dipole approximation simulation, and exciton-coupling model[J]. Journal of Physical Chemistry B, 2006, 110(37): 18243-18253.

[28] LI J, LIU T, ZHENG H, et al. Plasmon resonances and strong electric field enhancements in side-by-side tangent nanospheroid homodimers[J]. Optics Express, 2013, 21(14): 17176-17185.

[29] AIZPURUA J, HANARP P, SUTHERLAND D, et al. Optical properties of gold nanorings[J]. Physical Review Letters, 2003, 90(5): 057401.

[30] LIZ-MARZÁN L M. Tailoring surface plasmons through the morphology and assembly of metal nanoparticles[J]. Langmuir, 2006, 22(1): 32-41.

[31] ABUJETAS D R, OLMOS-TRIGO J, SÁENZ J J, et al. Coupled electric and magnetic dipole formulation for planar arrays of dipolar particles: metasurfaces with various electric and/or magnetic meta-atoms per unit cell[J]. Physical Review B, 2020, 102(12):125411.

[32] CHANG S, GUO X, NI X. Optical metasurfaces: progress and applications[J]. Annual Review of Materials Research, 2018, 48: 279-302.

[33] QU Y, HUANG L, WANG L, et al. Giant circular dichroism induced by tunable resonance in twisted Z-shaped nanostructure[J]. Optics Express, 2017, 25(5): 5480-5487.

[34] CAO T, ZHANG L, SIMPSON R E, et al. Strongly tunable circular dichroism in gammadion chiral phase-change metamaterials[J]. Optics Express, 2013, 21(23): 27841-27851.

[35] CHEN H, SHAO L, LI Q, et al. Gold nanorods and their plasmonic properties[J]. Chemical Society Reviews, 2013, 42(7): 2679-2724.

[36] WILLETS K A, VAN DUYNE R P. Localized surface plasmon resonance spectroscopy and sensing[J]. Annual Review of Physical Chemistry, 2007, 58: 267-297.

[37] FORESTIERE C, DAL NEGRO L, MIANO G. Theory of coupled plasmon modes and Fano-like resonances in subwavelength metal structures[J]. Physical Review B, 2013, 88(15): 155411.

[38] MUN S E, HONG J, YUN J G, et al. Broadband circular polarizer for randomly polarized light in few-layer metasurface[J]. Scientific Reports, 2019, 9(1): 1-8.

[39] WU Y, ZHENG H, LI J, et al. Generation and manipulation of ultrahigh order plasmon resonances in visible and near-infrared region[J]. Optics Express, 2015, 23(8): 10836-10846.

[40] ZHANG M, LI C, WANG C, et al. Tunable ultrahigh order surface plasmonic resonance in multi-ring plasmonic nanocavities[J]. Plasmonics, 2017, 12(6):

1773-1779.

[41] CHANG Y C, WANG S M, CHUNG H C, et al. Observation of absorption-dominated bonding dark plasmon mode from metal-insulator-metal nanodisk arrays fabricated by nanospherical-lens lithography[J]. ACS nano, 2012, 6(4): 3390-3396.

[42] FUNSTON A M, NOVO C, DAVIS T J, et al. Plasmon coupling of gold nanorods at short distances and in different geometries[J]. Nano Letters, 2009, 9(4): 1651-1658.

[43] PRAMOD P, THOMAS K G. Plasmon coupling in dimers of Au nanorods[J]. Advanced Materials, 2008, 20(22): 4300-4305.

[44] XIONG X, SUN W H, BAO Y J, et al. Switching the electric and magnetic responses in a metamaterial[J]. Physical Review B, 2009, 80(20): 201105.

[45] ZHANG B, ZHAO Y, HAO Q, et al. Polarization-independent dual-band infrared perfect absorber based on a metal-dielectric-metal elliptical nanodisk array[J]. Optics Express, 2011, 19(16): 15221-15228.

[46] WANG Y, DENG J, WANG G, et al. Plasmonic chirality of L-shaped nanostructure composed of two slices with different thickness[J]. Optics Express, 2016, 24(3): 2307-2317.

[47] LEITNER A, ZHAO Z, BRUNNER H, et al. Optical properties of a metal island film close to a smooth metal surface[J]. Applied optics, 1993, 32(1): 102-110.

[48] ROYER P, GOUDONNET J, WARMACK R, et al. Substrate effects on surface-plasmon spectra in metal-island films[J]. Physical Review B, 1987, 35(8): 3753.

[49] ZHENG W, WONG S C. Electrical conductivity and dielectric properties of PMMA/expanded graphite composites[J]. Composites Science Technology, 2003, 63(2): 225-235.

[50] ALI U, KARIM K, BUANG N A. A review of the properties and applications of poly(methyl methacrylate)(PMMA)[J]. Polymer Reviews, 2015, 55(4): 678-705.

[51] ZHANG M D, LU Q N, XU J, Ge B Z. Localized surface plasmon resonance property of bi-layer split ring-rods nanostructure, Results in Physics, 2019, 13: 102266.

[52] ZHANG M D, LU Q N, GE B Z. Multi-band circular dichroism induced by surface plasmonic resonance in bi-Layer semi-ring/rod nanostructure, Plasmonics, 2018, 13(6): 2111-2116.

[53] ZHANG M D, LU Q N, ZHENG H R. Tunable circular dichroism created by

surface plasmons in bi-layer twisted tetramer nanostructure arrays, Journal of the Optical Society of America B, 2018, 35(4): 689-693.

[54]　ZHANG M D, LU Q N, GE B Z. Dual/three-band blocked infrared color filter created by surface plasmons in bilayer nanoring, Journal of Optics, 2019, 48(4): 505-511.

[55]　ZHANG M D, LU Q N, XU J, et al. Broadband circular polarizer based on twisted plasmonic nano-disks, Applied Optics, 2019, 58(18): 4846-4852.

第 5 章　结论与展望

5.1　研究的主要结论

本书研究了基于掺杂和基于 LSPR 的 PPD 性能调控技术和方法,探索了制备柔性、自驱动及半透明特性的 PPD 的工艺,取得了一些重要的成果。作者完成的主要工作及结论如下:

(1) 制备了横向柔性 PPD 和纵向柔性自驱动半透明 PPD,其工艺主要包括:① 采用一步旋涂+两步退火法,制备钙钛矿薄膜。以乙醚为反溶剂,通过控制旋涂速度和退火温度,得到了晶粒尺寸大于 1 μm 的钙钛矿薄膜。② 采用 PI 薄膜和聚对苯二甲酸乙二醇酯(PET)柔性衬底,分别制备了横向和纵向 PPD,采用两种衬底所制备的 PPD 都具有良好的柔韧性和弯曲耐久性。③ 结合热蒸镀法(制备 C_{60} 层、超薄 Ag、MoO_x)、旋涂法(制备钙钛矿和 Spiro-OMeTAD 层)、磁控溅射法(制备 ITO 电极),制备了结构为 PET/ITO/C_{60}/钙钛矿/Spiro-OMeTAD/超薄 Ag/MoO_x/ITO 的 PPD。通过优化各层厚度和薄膜质量,得到自驱动半透明 PPD,在 800 nm 后具有良好透过率,双面因子高达 80%。该器件在满足低能耗下的高响应要求方面比横向器件更具优势。

(2) 基于离子掺杂调控 PPD 响应度。用 FA^+ 替换 $MAPbI_3$ 基 PPD 中的部分 MA^+,制备了双阳离子 PPD。通过调节掺入的 MA^+ 和 FA^+ 的比例,调控 PPD 的响应能力。实验研究发现,少量 FA^+ 可以提高响应度、减少响应时间。当 MA^+ 和 FA^+ 的比例为 4:6 时,器件性能最佳,响应度 R 为 0.0111 A·W^{-1},比探测率 D^* 为 3.26×10^{10} Jones,上升时间 t_{on} 为 89 ms,下降时间 t_{off} 为 47 ms。通过对钙钛矿薄膜形貌、结晶性及载流子寿命的分析,发现 $MA_{0.4}FA_{0.6}PbI_3$ 基 PPD 的光电流增加,这可归功于组分中载流子寿命增加。

(3) 基于 LSPR 纳米颗粒调控 PPD 响应度。将 PVP 包覆的 Ag NP 引入柔性、自驱动半透明特性的纵向 PPD 光吸收层中，通过改变 Ag NP 的量，调控 Ag NP 附近的 LSPR 局域场和电子-空穴对的产生，从而调控 PPD 的响应度。但过多的 Ag NP 使得薄膜出现更多晶界，加速了电子-空穴复合，使 PPD 的响应度减小。在 Ag NP 含量为 0.04 wt%的 PPD 上获得了最佳性能，响应度为 0.145 A · W^{-1}，上升和下降时间分别为 100 ms 和 153 ms。在金属纳米颗粒与钙钛矿呈枣糕方式分布的体系中，利用 LSPR 效应增强了 PPD 的性能。在最佳 Ag NP 含量的钙钛矿薄膜中，基于嵌段共聚物(F68)掺杂调控 PPD 的稳定性。掺入 1.25 mg/mL 剂量的 F68，提高了钙钛矿表面的疏水性，在高湿度环境下放置 7 天，仍保持 80%的初始响应度。

(4) 基于 LSPR 超表面调控，提出一种基于波长选择性透过超表面的窄带 PPD。设计了多种新颖结构(双层劈裂环-棒、双层半环-棒、多层扭曲双半圆片、双层扭曲四聚体和双层环纳米结构)的金属微纳结构超表面。利用有限元分析法，基于等离激元杂化模型，分析了激发光与超表面中电偶极子、磁偶极子的相互作用机理，给出了电荷、电流及电磁场分布。通过改变纳米结构的形状、排列方式及其几何参数，调控 LSPR，实现宽带/窄带/多带带阻近红外滤波，所设计的结构，光学手性调制量最高可达 91%，滤波效率可达 98%，最佳消光比高达 161∶1。使用 EBL 方法，加工了银圆盘阵列，给出了其吸收、反射和透射光谱，结果与理论分析基本一致。通过薄膜+退火法，制备了银岛膜，并将 PMMA 作为隔离层，制备了 SiO$_2$/银岛膜/PMMA/钙钛矿窄带 PPD，可实现中心波长为 470 nm，FWHM 为 145 nm 的窄带探测。

5.2　展　　望

本书研究了 PPD 器件的制备工艺以及基于掺杂和基于 LSPR 的 PPD 性能调控方法，提高了 PPD 的响应能力和稳定性，但是仍有如下一些问题有待进一步深入研究：

(1) 受限于加工时间和成本，仅加工了 100 μm × 100 μm 的圆盘阵列超表面，只验证了所设计的超表面功能，未能实现基于圆盘阵列超表面的 PPD 窄带探测。下一步将加工大面积阵列的超表面，实现基于阵列超表面的窄带 PPD。

(2) 所掺杂的 Ag NP 的 LSPR 共振谱较宽，无法通过颗粒尺寸调节共振位置，变量的缺失阻碍了对结果的分析和更精确的调制机理的提出。故下一步需要制备均匀、尺寸可调、LSPR 共振锐利的 Ag NP，为 Ag NP 增强光电探测器性能的机理提供更加有力的证据。

(3) 金属纳米颗粒同时具有吸收和散射光的能力，在较小的金属纳米颗粒上吸收占主导，局域场增强效果好，在较大的纳米颗粒上散射占主导。本书中所用 Ag NP 的尺寸较小，光散射效应未被充分利用。故下一步可以尝试将大尺寸纳米颗粒添加到电子传输层中，一方面利用其光散射能力增加钙钛矿层的光吸收，另一方面利用金属材质良好的导电性增强电子传输能力。

(4) 银岛膜/钙钛矿复合结构 PPD 可实现窄带滤波效果。但还存在两方面的问题：第一，岛膜在中心波长处达不到完全阻挡，与普通 PPD(没有岛膜的)相比，窄带 PPD 在 470 nm 激发光下的光电流由原来的 0.18 μA 降为 0.12 μA，即基于银岛膜的窄带 PPD 是以牺牲光电流为前提的，且中心波长可调性低；第二，此处的窄带是相对钙钛矿的吸收带宽来说的，与本书设计的其他超表面相比，145 nm 并不窄。后期可使用其他超表面缺决存在的问题。

(5) 制备工艺上，一步旋涂法所得钙钛矿薄膜的均匀性还需要改善；器件结构上，需要用性能更优异的空穴传输层替代价格昂贵、容易分解的 Spiro-OMeTAD。

附录 本书所用化学试剂及实验仪器

附表 1 本书所用化学试剂

试剂名称	化学式及相关参数	生产厂商
甲基碘化胺	$CH_3NH_3I(\geqslant 99.5\%)$	西安宝莱特光电科技有限公司
甲脒氢碘酸盐	$CH_5IN_2(\geqslant 99.5\%)$	西安宝莱特光电科技有限公司
碘化铅	$PbI_2(>99.99\%)$	西安宝莱特光电科技有限公司
硫氰酸铅	$Pb(SCN)_2(>99.99\%)$	Sangon Biotech
Li-TFSI	$C_2F_6LiNO_4S_2(>99.99\%)$	西安宝莱特光电科技有限公司
Co(II)-TFSI	$C_{36}H_{45}CoN_{9.3}(C_2F_6NO_4S_2)(>99\%)$	西安宝莱特光电科技有限公司
4-叔丁基吡啶(TBP)	$C_9H_{13}N(96\%)$	Meryer
Spiro-OMeTAD	$C_{81}H_{68}N_4O_8(>99.8\%)$	西安宝莱特光电科技有限公司
富勒烯 C_{60}	$C_{60}(HPLC)$	台湾 Lumtec
氧化钼	$MoO_x(>99.5\%)$	Sigma-Aldrich
F68	$C_5H_{10}O_2(98\%)$	Macklin
PMMA	$(C_4H_6O_2)_x(99\%)$	Acros Organics
DMF	$C_3H_7NO(HPLC)$	江天化工技术股份有限公司
DMSO	$C_2H_6OS(HPLC)$	Macklin
氯代苯	$C_6H_5Cl(99.8\%)$	Macklin
乙醚	$C_4H_{10}O(AR)$	江天化工技术股份有限公司
乙腈	$C_2H_3N(LC\text{-}MS)$	Macklin
PET	ITO-M0810 $8\sim10\ \Omega/m^2$ $T>70\%$	珠海凯为光电科技有限公司
PI	厚度：$0.055\ mm \pm 0.05$ 耐温：$250\sim300\ ℃$	东莞市信时包装材料有限公司

附表2　本书所用实验仪器

仪器名称	仪器型号	生产厂商
旋涂仪	Easy Coater 6	Schwan Technology
磁力搅拌加热台	Isotemp	赛默飞世尔科技有限公司
紫外臭氧发生器	PSDP-UV3	深圳市慧烁机电有限公司
热蒸发沉积系统	LN-182SA	沈阳立宁真空技术研究所
磁控溅射系统	LN-CK4	沈阳立宁真空技术研究所
532 nm 激光器	MGL-N-532A	长春新工业光电技术有限公司
太阳光模拟器	94062A	Newport
半导体参数分析仪	4200A-SCS	Keithley
白光光源	CT-TH-150	美国颐光科技有限公司
光谱仪	QEM24-S	美国颐光科技有限公司
热管式炉	SN-G08123K	天津市中环实验电炉有限公司
UV-vis-NIR	UV-3600	日本岛津公司
SEM	S4800	日本日立公司
TEM	JEM-F200	日本JEOL
XRD	D8 Advanced	德国布鲁克公司
XPS	Axis Supra	英国Kratos Analytical
稳态瞬态荧光光谱仪	FLS 980	英国爱丁堡仪器有限公司